FREI SEIN STATT FREI HABEN

Catharina Bruns und *Sophie Pester* sind Gestalterinnen und Unternehmerinnen mit dem Ziel, eine DIY-Kultur zu unterstützen und die kreative Selbstständigkeit zu fördern.

CATHARINA BRUNS, SOPHIE PESTER

FREI SEIN STATT FREI HABEN

**MIT DEN EIGENEN IDEEN IN DIE
KREATIVE BERUFLICHE SELBSTSTÄNDIGKEIT**

CAMPUS VERLAG
FRANKFURT / NEW YORK

ISBN 978-3-593-50515-2 Print
ISBN 978-3-593-43342-4 E-Book (PDF)
ISBN 978-3-593-43356-1 E-Book (EPUB)

Copyright © 2016 Campus Verlag GmbH, Frankfurt am Main
Umschlaggestaltung: Catharina Bruns, Sophie Pester, superlabs GbR, Berlin
Satz: Publikations Atelier, Dreieich
Gesetzt aus der Pyke Text, der Edo, der Science Fair JNL und der Brandon Text
Druck und Bindung: Beltz Bad Langensalza GmbH
Printed in Germany

www.campus.de

INHALT

INHALT

INHALT

INHALT

EINLEITUNG

»If people understood entrepreneurship
there would be a revolution by tomorrow.«

Günter Faltin

Die erste Voraussetzung, um selbstständig zu sein, ist, dass man es will. Es ist keine Notlösung und es ist kein Vorruhestand.

Dies ist ein Buch für die kreative berufliche Selbstständigkeit. Es soll dir helfen, selbstbestimmt und frei zu arbeiten, deine Kreativität als wichtigstes Element deiner täglichen Arbeit zu erkennen und dich gleichzeitig zu einer unternehmerischen Arbeitsweise inspirieren.

In unserem ersten Buch *work is not a job* ging es darum, eine neue Haltung zur Arbeit zu entwickeln. Nun soll es darum gehen, etwas daraus zu machen! Und deshalb ist dieses Buch für alle, die Arbeit nicht mit »Job« verwechseln. Es richtet sich an die Macherin und den Macher in dir, der etwas unternehmen will. Es ist für alle, die bei Freiheit nicht an das »bedingungslose Grundeinkommen« denken, sondern an die Umsetzung ihrer eigenen Ideen. Wir möchten zeigen, dass sich die Selbstständigkeit heute ganz anders realisieren lässt, als viele es glauben. Die Wege zu einer Unternehmensgründung sind kein Geheimnis. Umfassendes Wissen steht heutzutage überall kostenlos zur Verfügung. Dies ist daher eher eine Erinnerung daran, dass es in der Selbstständigkeit nicht hauptsächlich um das theoretische Wissen geht, sondern um die praktische Umsetzung.

Wir geben nicht vor, einfache Lösungen zu haben, aber wir wissen: Es gibt einen Weg, erfüllende Arbeit zu finden und unternehmerisch erfolgreich zu sein. Den *eigenen* Weg.

Dieser Weg ist nicht so gut ausgeschildert wie der in den »sicheren« Job. Wir werden uns daher Fragen widmen, die jedem begegnen, der seine eigenen Ideen umsetzen möchte, und auf Hindernisse hinweisen, die man mit bestimmten Herangehensweisen besser meistern kann.

Wir erzählen davon, wie wir selbst arbeiten und welche Herangehensweise wir für wichtig halten – nicht davon, was andere meinen, nicht was irgendeine Studie hervorgebracht hat. Wir haben verschiedene Unternehmen gegründet, sind unabhängig geblieben, leben seit Jahren von unseren eigenen Ideen und möchten unsere Erfahrungen teilen. Viele Gründer werden es anders machen, und das ist auch gut so, denn es gibt viele Wege. Freiheit bedeutet für uns in erster Linie Selbstbestimmung. Es geht darum, eigenen Regeln zu folgen, nicht darum, gar keine Regeln zu kennen.

Ein so persönliches Buch zu schreiben, erfordert das Vertrauen, dass es etwas auslösen kann. Wir hoffen, dass du beim Lesen genau so ein starkes Vertrauen in dich selbst entwickeln kannst, wie wir es in dich haben. Dieses Buch möchte, dass du dein eigener Ratgeber wirst. Denn in der Selbstständigkeit geht es darum, ohne Anleitung zu arbeiten. Das Gute ist: Du brauchst keine Anleitung, du *weißt* eigentlich schon, wie man kreativ und selbstständig ist. In dir steckt ein Künstler, der seine Kunst beherrscht, und ein Unternehmer, der weiß, wie man selbstständig ist. Um von deinen eigenen Ideen leben zu können, musst du genau diese Potenziale in dir entfalten.

Es lohnt sich. In keinem Unternehmen bist du so frei wie in deinem eigenen und kein anderer Arbeitgeber kann dir die Hoheit über deine Zeit und die Inhalte deiner Arbeit wirklich zurückgeben.

Wenn etwas richtig gut werden soll, dann muss man es selbst machen.

Los geht's!

TEIL 1

AUFBRUCH

SELBSTSTÄNDIG SEIN

*»Selbstbestimmung verlangt einen Sinn für das Mögliche,
also Einbildungskraft, Phantasie«.*

Peter Bieri

Du musst nicht selbstständig sein, aber du kannst es. Unsere vernetzte Welt macht es dir so einfach wie noch nie. Die Arbeitswelt verändert sich und mit ihr die Auffassung darüber, wie viel an Fremdbestimmung und Vorgabe wir noch zu akzeptieren bereit sind. Sich selbst Arbeit zu entwerfen, die zum Leben passt, nicht wie bisher andersherum, ist die große Chance unserer Zeit. Belohnt wird, wer *selbstständig* denkt, kreativ ist und sein eigenes Kapital kennt.

Wenn man sich überlegt, dass selbst unsere Eltern ihren Beruf noch nicht frei wählen konnten und sich entweder den Wünschen ihrer Eltern fügen, oder ihre Berufswahl dem System der ehemaligen DDR unterordnen mussten, wird man daran erinnert, wie stark sich die Welt in den letzten Jahren verändert hat. Während noch vor einer Generation Sinn und Selbstverwirklichung nicht den Ausschlag für die Berufswahl gaben und das Wort »Work-Life-Balance« nicht einmal im Sprachgebrauch war, wird in der wachsenden Wohlstandsgesellschaft der Anspruch von Freiheit und Selbstbestimmung bei der Arbeit zu einer selbstverständlichen Bedingung. Aber wie steht es wirklich damit? Mach dir einmal den Spaß und gib in die Google-Suchleiste ein: »Mein Job ...«[1] (Bild auf der nächsten Seite).

Wundern dich die Vorschläge von Google? Obwohl sich die Bedingungen der abhängigen Beschäftigung stetig verbessert haben, überrascht es kaum jemanden, dass Jobs immer noch »ankotzen« oder gar »krank machen«. Denn es ändert sich nichts. Wir haben uns daran gewöhnt, dass wir irgendeinen Job nun einmal machen müssen. Was aber spricht dagegen, etwas Besseres zu machen, als irgendeinen Job? Warum ist Arbeit immer »der Ernst des Lebens«? Warum kann es dabei nicht um ganz eigene Ideen gehen? Um Kreativität und Gestaltungsfreiheit? Warum erzählen wir Google, wie schrecklich unser Job ist? (Es ist nicht mal eine Frage, ist eine Feststellung!) Wer, erwarten wir, wird uns zur Hilfe eilen?

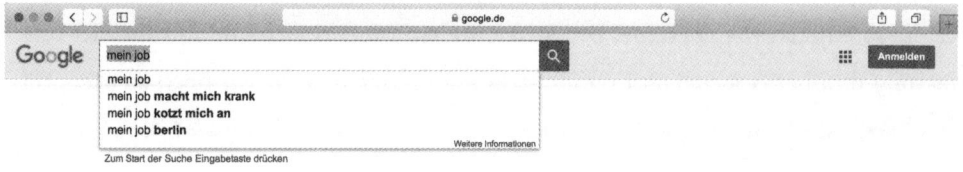

Wir sind unglücklich über die Nachteile der Festanstellung, obwohl wir *wissen*, dass sie sich niemals nach individuellen Wünschen richten wird. Und wir vertrauen weiterhin auf ein System, das nicht auf unsere Gestaltungslust, sondern auf unsere Folgebereitschaft baut. Die Krise der Erwerbsgesellschaft besteht hierzulande derzeit nicht in Form von großer Arbeitslosigkeit, sondern in Form der vielfach empfundenen Inhaltslosigkeit. Davon ausgehend, dass wir alle uns bewusst oder unbewusst wünschen, mit unserer Arbeit einen wenn auch kleinen Beitrag für die Gesellschaft zu leisten, weist Alain De Botton darauf hin, dass »Misemployment« zum Problem wird. Damit ist das Phänomen gemeint, dass zwar viele Menschen eine Arbeit haben, sie ihnen aber wenig bedeutet. Wenn man in seiner täglichen Arbeit keinen Sinn und positiven Einfluss auf die Gesellschaft erkennen kann, ist die Krise persönlich. Und sie besteht immer dann, wenn Arbeit »nur ein Job« ist.[2]

Wer sich derzeit in der abhängigen Beschäftigung wohlfühlt, braucht sich keineswegs angegriffen zu fühlen. Es geht nicht darum, die Festanstellung abzuschaffen, oder sie zu verdammen. Aber man darf sich auch dann Gedanken dazu machen, zu welcher Arbeitskultur man selbst gegenwärtig beiträgt und welche man mitgestalten möchte. Es gibt keinen Grund, die Gestaltung von Arbeitskultur allein dem Arbeitgeber und der Politik zu überlassen.[3] Alte Systeme reformieren sich kaum aus sich selbst heraus – dazu müssen auch neue Unternehmen mit neuen Idealen gegründet werden. Und damit das gelingt, braucht es Menschen, die

IN DER BERUFLICHEN SELBSTSTÄNDIGKEIT LIEGEN DERWEIL DIE GRÖSSTEN CHANCEN FÜR EINE NEUE ARBEITSKULTUR, DIE SINN UND GESTALTUNGSFREIHEIT IN DEN ARBEITSTAG ZURÜCKBRINGEN.

durch ihren Arbeitsentwurf zeigen, dass sie anders leben und anders arbeiten wollen. Jeder ist also gefragt. In der beruflichen Selbstständigkeit liegen derweil die größten Chancen für eine neue Arbeitskultur, die Sinn und Gestaltungsfreiheit in den Arbeitstag zurückbringen.

Freiheit und Selbstbestimmung sind keine Fragen der Zuteilung, sondern der persönlichen Gestaltung. Wir verschenken sie zu häufig bereits im Vorstellungsgespräch.

DAS GEHEIMNIS: DIE KOMBINATION
AUS KÜNSTLER UND UNTERNEHMER

»In their own way, all artists are entrepreneurs,
and all entrepreneurs are artists.«

Hugh MacLeod

Unser Arbeitsalltag ist immer noch stark von den einstigen Abläufen der Industrie-gesellschaft bestimmt. Heute haben wir aber die Möglichkeiten der Wissensgesell-schaft. Arbeit kann anders organisiert werden. Die Möglichkeiten, am Markt mit-zumischen, sind vielfältig, die Hürden zu einer Unternehmensgründung minimal. Wer sich für kreatives Unternehmertum entscheidet und seine Arbeit künstlerisch angeht, kann freier, unabhängiger und selbstbestimmter arbeiten. In der Zukunft der Arbeit wird es ohnehin nicht mehr heißen »Finde einen Job«, sondern »Finde eine Lösung«!

Die Kombination aus künstlerischer und unternehmerischer Herangehensweise ist genau das, was schon jetzt und auch in Zukunft von entscheidender Bedeutung sein wird. Für dich bedeutet das, Ja zu deinem inneren Künstler zu sagen und gleichzeitig den Unternehmer in dir aufzuwecken. Für gelungene Geschäftskonzep-te müssen die beiden sich aufeinander einlassen.

Aber keine Angst! Mit Künstler meinen wir nicht den literaturpreisgekrönten Schriftsteller, den exzentrischen Maler, den oscarreifen Filmemacher oder den be-gnadeten Musiker – genauso wenig meinen wir den millionenschweren Großunternehmer. Wir sprechen von Kräften, die in jedem von uns leben. Das besondere Geschick, die schöpferischen Fähigkeiten, die Freude an der Gestaltung, die Liebe zur Freiheit und Entfaltung und die Lust daran, sein Leben und seine Arbeit selbstständig zu meistern. All das liegt in unserem menschlichen Wesen! Immer wenn du andere Arbeit machen willst als die, die von dir verlangt wird, sind es diese Kräfte, die sich melden. Denn der Künstler und der Unternehmer lassen sich nicht vollkommen im Zaum halten. Sie wollen kreativ und selbstbestimmt sein!

Der Künstler widmet sich gerne nur seiner Kreativität, aber der Unternehmer möchte unabhängig sein. Er findet pragmatische Mittel und Wege, seine Kunst zum Geschäft zu machen. Dass Geld verdienen zu müssen die Kunst verdirbt, ist eine verhängnisvolle Attitüde. Vielen »echten« Künstlern würde zumindest ihr finanzielles Leid vergehen, wenn sie sich einen Ruck geben würden und endlich ihre eigene Idee von der perfekten Galerie, einem Musik- oder Literaturverlag oder der Theater- und Filmproduktion aufziehen würden, anstatt sich von Subventionen abhängig zu machen, oder darüber beklagen zu müssen, dass sie nicht gefördert oder ausgebeutet

> **DIE VORHERRSCHENDE LOGIK, VON IRGENDWEM AUSERWÄHLT UND GENOMMEN WERDEN ZU MÜSSEN, ZERSTÖRT BIS HEUTE GENUG LEBENSTRÄUME. ES IST ZEIT, SICH ENDLICH DAVON ZU LÖSEN.**

werden. Künstler warten selbst heute, im Zeitalter der Internets, immer noch darauf, dass andere ihnen eine Bühne bieten und dass sie »entdeckt werden«. Die vorherrschende Logik, von irgendwem auserwählt und genommen werden zu müssen, zerstört bis heute genug Lebensträume. Es ist Zeit, sich endlich davon zu lösen.[4]

Nun gehört es zu den wahrscheinlich größten Irrtümern der Multioptionsgesellschaft, dass jeder einfach irgendeine künstlerische Profession aufnehmen und auch davon leben könnte. Davon sprechen wir hier nicht. In Wirklichkeit können sogar die meisten Berufskünstler das nicht. Von Talent allein lässt es sich häufig schlecht leben. Daher ist es so wichtig, auch den Unternehmer in sich zu wecken. Niemand, der sich nicht selbst finanzieren kann, ist unabhängig. Aber Kreativität und die Entscheidung, die eigene Arbeit als Kunst zu verstehen, ist nicht Berufskünstlern vorbehalten. Dein innerer Künstler und dein innerer Unternehmer vereinen alle Qualitäten, die du für die kreative Selbstständigkeit brauchst. Der Aufbruch in eine neue Selbstständigkeit beginnt, wenn wir kreativ sind wie ein Künstler, aber handeln wie ein Unternehmer.

WAS BRINGT DER KÜNSTLER MIT: *Kreativität, Empathie, Hingabe, Leidenschaft, emotionale Tiefe, Sensibilität, Talent, Multidimensionalität, Offenheit für Inspiration, intrinsische Motivation, Unangepasstheit.*

WAS BRINGT DER UNTERNEHMER MIT: *Pragmatismus, Findigkeit, Risikobereitschaft, Optimismus, gute Chancenwahrnehmung, Entscheidungskompetenz, Führungsqualität, Geschäftssinn, Freiheitsliebe, Unaufhaltsamkeit, Ausdauer, Krisenfestigkeit, Selbstsicherheit, Verantwortungsbewusstsein, Handlungsorientiertheit.*

Warum ist diese Kombination unschlagbar? Künstler fühlen sich zu ihrer Arbeit hingezogen, auch wenn sie manchmal mit sich hadern und auch wenn sie sich immer unvollkommen anfühlt – sie müssen ihrer Kunst trotzdem nachgehen! Sie empfinden ihre Arbeit als Geschenk und als inneren Auftrag. Unternehmer sind Macher, die nach finanzieller Unabhängigkeit suchen und sich bei der Umsetzung ihrer Ideen nicht aufhalten lassen. Sie haben Spaß an Herausforderungen und daran, Lösungen anzubieten. Sie vergessen dabei den Markt nicht. Beide sind Gestalter, nur bedienen sie sich unterschiedlicher Werkzeuge.[5] Das Gute ist: Beide sind bereits in jedem von uns angelegt! Wir alle verfügen sowohl über Kreativität als auch über die Fähigkeit zur Selbstständigkeit. Es geht also nicht darum, sich ganz neue Eigenschaften aneignen zu müssen, sondern darum, seine ureigenen Veranlagungen wiederzubeleben.

Wir wollen uns nicht lange an dem Begriff »Unternehmer« abarbeiten. Es ist ein schrecklich antiquiertes Wort, das nicht die Bilder hervorruft, die wir meinen, wenn wir von einem unternehmerischen Lebensentwurf sprechen. Aber der Begriff ist für unsere Argumentation praktisch. Also verwenden wir ihn. Auch eine Diskussion über den Kunstbegriff bringt uns hier nicht weiter. Wir nehmen für die Länge dieses Buches einmal an, dass unsere »Kunst« das ist, was uns innerlich antreibt, was uns lebendig macht und was uns beflügelt, wenn wir tun, was uns wichtig ist. Wenn wir ohne Anleitung arbeiten. »Working without a map[6]«, wie Seth Godin es nennt. Joseph Beuys hat mit seinem Ausspruch »Jeder Mensch ist ein Künstler« für die Öffnung des Kunstbegriffes plädiert. Für ihn war jeder ein Künstler, der sich an der Gestaltung der Gesellschaft beteiligt, und er wies dabei auf die Möglichkeit einer ganz neuen Disziplin der Kunst hin.[7] Seth Godin mahnt uns, dass »making art«, also Kunst schaffen, für jeden nicht nur möglich, sondern ein neues Kunstverständnis auch Merkmal bedeutender Arbeit sei.[8]

Wann immer du dich für etwas engagierst, etwas für deine Freunde organisierst, eine aufwändige Party schmeißt, etwas im Internet verkaufst, etwas vereinfachst, verbesserst und weißt, wie man mehr aus seiner Sache machen kann, oder anderen hilfst, zeigt sich der Unternehmer in dir. Du bist es, du nennst dich nur nicht so. Und kennst du dieses Gefühl, etwas mit den Händen gestalten zu wollen? Immer wenn du dir vornimmst, etwas schöner zu machen, vielleicht etwas außergewöhnliches zu kochen, umzugestalten, selbst zu bauen, Musik zu machen, zu tanzen, zu singen, zu verführen und etwas von ganzem Herzen zu lieben? All das ist der Künstler in dir! »Hausfrauen« beispielsweise werden kaum mit Unternehmerinnen verglichen, dabei demonstrieren sie seit jeher unschätzbare unternehmerische Qualitäten. Schließlich haben sie oft jede Menge kreative Fähigkeiten und müssen zudem gut wirtschaften können – die wichtigsten Voraussetzungen, um unternehmerisch erfolgreich sein zu können.

Egal, was du gerade beruflich tust – in dir wohnt ein Künstler und ein Unternehmer. Du hast die Wahl, ob sie auch zum Einsatz kommen.

WARUM GRÜNDEN?

*»The three most harmful addictions are heroin,
carbohydrates, and a monthly salary.«*

Nassim Taleb

Kreatives Unternehmertum bedeutet mehr als nur ein Geschäft zu führen. Entrepreneurship ist ein unternehmerischer Lebensstil, der sehr viel mehr Menschen liegen würde als die abhängige Beschäftigung. Nur hat die gesellschaftliche Norm es nicht für uns vorgesehen. Hinzu kommt ein Bild der Selbstständigkeit, für die man besonders leidensfähig sein muss, um Erfolg zu haben. Was aber, wenn der Weg hin zu einem selbstständigen Arbeitsleben gar nicht so fürchterlich ist? Was, wenn es überaus spannend ist, sobald man sich auf seinen Weg gemacht hat und anstelle in einer Welt von Problemen zu leben, auf einmal Lösungen findet? In der Gründung eines Unternehmens liegt die wundervolle Chance, seinem Leben eine Aufgabe zu geben. Arbeit wird oft als lästige Pflicht empfunden, aber wenn die eigene Arbeit nicht mehr nur aus Pflichten besteht, die man aufgetragen bekommt, sondern mit einer selbstgewählten Lebensaufgabe verknüpft wird, dann verwandelt sie sich in etwas Positives. Eine Aufgabe zu haben ist etwas, für das es sich zu arbeiten lohnt. Zwar viel Arbeit, aber keine richtige Aufgabe zu haben, ist ein Umstand, den viele im Job beklagen.

Nur im eigenen Unternehmen kann man all seinen Fähigkeiten und Talenten Raum geben. Manchmal weiß man gar nicht, wo seine geheimen Talente liegen, weil man sie bisher noch nie wirklich genutzt hat. Viele Unternehmer lieben ihre Arbeit, weil sie sich nicht wie Arbeit anfühlt. Besonders dort, wo sich individuelle

Talente und Interessen zeigen, lohnt es sich, auch den Unternehmer in uns zu wecken. Wer seine Talente vernachlässigt, wird weder sein volles Potenzial entfalten können noch je glücklich werden mit dem was er tut.

Selbstverständlich ist es legitim, seinen Talenten und Interessen nur als Hobby nachzugehen. Wenn du den Künstler in dir gefunden hast und er auch schon tätig wird, besteht keinerlei Zwang, den Unternehmer nicht schlafen zu lassen. Aber wenn du davon leben möchtest, musst du den Unternehmer aufwecken. Andersherum ist das ebenso sinnvoll. Denn wenn der Unternehmer wach ist, aber der Künstler schlummert, wird es dazu führen, dass dein Unternehmen vielleicht im herkömmlichen Sinne erfolgreich sein kann, die zugehörige Arbeit aber wahrscheinlich wieder als mühsam empfunden wird. Außerdem wirst du unter deinen kreativen Möglichkeiten bleiben und das macht insbesondere die Selbstständigkeit schwer. Wenn nicht beide Geister in dir wach sind, die sich gegenseitig beflügeln, dann bleibt es entweder beim unbezahlten Hobby, oder beim stressigen Job.

HEUTZUTAGE BRAUCHST DU KEINEN JOB, DU BRAUCHST EINE BESSERE IDEE.

Es gibt eine *aktive* Freiheit, sein Leben zu gestalten, und eine *passive* Freiheit, die Gestaltung anderen zu überlassen. Heute gibt es keinen Grund mehr, die Gestaltung anderen zu überlassen. Heutzutage brauchst du keinen Job, du brauchst eine bessere Idee.

GUTE GRÜNDE

Der schönste Grund zu gründen ist, weil es großen Spaß macht! Nirgends sonst kann man sich in seinem Arbeitsleben so vielfältig ausprobieren, so tief verwirklichen und so stark weiterentwickeln, als über den Aufbau eines eigenen Unternehmens. Derek Sivers, Entrepreneur und Gründer von CD-Baby, schreibt »When you make a company, you make a utopia. It's where you design your perfect world.«[9] Eine Art »Utopia« also, ein Traum von einer Arbeitswelt, die man selbst gestalten kann. Es gibt aber keinen Schreibtisch, an den du dich einfach setzen könntest, keine festen Abläufe, die du nur befolgen musst, niemand arbeitet dich ein und du bekommst auch zur Begrüßung keinen Kuchen. Aber es ist deine Welt, die du selbst bauen kannst, und damit die vielfältigste Herausforderung, deines gesamten Arbeitslebens. Deine perfekte Arbeitswelt – sie muss keine Utopie bleiben. Du kannst noch heute entscheiden, womit du dich in deinem Leben beschäftigen möchtest. Es gibt genug zu tun. Du musst nur wissen, was dich wirklich bewegt und wo deine Kunst liegt.

Der *beste* Grund zu gründen, ist, weil man einen echten Grund hat, einen »Beweggrund«. Du brauchst als Gründer eine klare *Intention*. Nicht weil es ein Merkmal der besonders hippen Start-up-Kultur ist, sondern weil die Arbeit, die dazu gehört, ein Geschäft aufzubauen und am Laufen zu halten, dir sonst zu viel werden wird. Du musst ehrlich mit dir selbst und deiner Kundschaft sein. Du musst genau wissen, was dich als Gründer antreibt. Dein Beweggrund muss nicht kompliziert oder hochgestochen sein, sondern aufrichtig. Er muss dir wichtig sein. So wichtig, dass du dein Arbeitsleben danach ausrichten möchtest. Der Wunsch nach Freiheit allein reicht als Beweggrund für eine Unternehmensgründung nicht aus, ebenso wenig wie der Wunsch nach mehr Geld. Dies sind Nebenprodukte, die du anstreben kannst, nicht aber Hauptbeweggründe, die dich zu der Arbeit führen, mit der du dein Leben verbringen möchtest. Du musst dich auf Inhalte konzentrieren. Dein Beweggrund, deine Intention ist die *Substanz* deines Unternehmens.

Fehlt dir eine klare Intention, wird dir in der Selbstständigkeit schnell die Puste ausgehen. Und sie wird dir vermutlich auch keinen großen Spaß machen. Welche tiefere Absicht verfolgst du mit deiner täglichen Arbeit? Welche Absicht verfolgst du mit deinem Unternehmen?

Wir möchten mit unserem Angebot von »supercraft« zum Beispiel bewirken, dass Menschen ihren kreativen Spirit wecken. Und wir liefern alles, was sie dazu brauchen. Das Unternehmen »Startnext« möchte, dass Menschen ihre Ideen mithilfe der Community finanzieren können. Und sie liefern alles, was sie für eine Online-Crowdfunding-Kampagne benötigen. Die Firma »sugru« möchte, dass wir alle einfache Reparaturen durchführen und Spaß an Produkt-Hacks bekommen. Und sie liefert die praktische Lösung dafür. Das Unternehmen »Von Floerke« möchte, dass »junge Männer sich wieder stilvoller und modischer kleiden«[10] und sie liefern alle nötigen Accessoires und Bekleidung dafür. Wer sich selbstständig machen will, muss wissen, warum!

AUFGABE

Was möchtest du mit deinem Unternehmen bewirken? Welche Veränderung soll deine Arbeit in das Leben deiner Kunden bringen?

DER SELBSTSTÄNDIGKEIT NEU BEGEGNEN

»Entrepreneur ist keine Berufsbezeichnung. Es ist die Geisteshaltung von Menschen, die die Zukunft verändern möchten.«

Guy Kawasaki

Wie Günter Faltin, Hochschullehrer, Autor, Entrepreneurship-Experte und Gründer der Teekampagne, es auf einer seiner Buchpräsentationen so treffend formulierte: »Wenn Menschen Entrepreneurship wirklich verstehen würden, hätten wir schon morgen eine Revolution«[11]. Was muss anders sein in der Definition vom Unternehmer und vom selbstständigen Arbeitsmodell, damit es weder den kapitalistischen Ausbeuter beschreibt, noch das knapsende Prekariat?[12] Dazu müssen wir zunächst der Selbstständigkeit neu begegnen. Wir brauchen ein neues Verständnis von kreativem Unternehmertum, mit einer anderen Haltung zu den eigenen Möglichkeiten einerseits und einer ganz neuen Umsetzung von Geschäftskonzepten andererseits. Die Erwartungen, die wir an unseren risikoscheuen, planbaren Arbeitstag haben, müssen wir überdenken. Wir müssen die Gewohnheit, nach Sicherheit und Ruhestand zu suchen, umwandeln in die Lust am Selbermachen und Gestalten. Eine Lust, die sowohl den Künstler als auch den Unternehmer in dir antreiben dürfte. Du als Person rückst in den Vordergrund. Es geht um deine Wünsche, deine Ideale und deine Fähigkeiten! Würdest du dich als Ausbeuter bezeichnen? Diese vermeintliche unternehmerische Eigenschaft würden sich wohl die meisten Menschen nicht selbst zuschreiben. Es liegt vor allem an dir selbst als Gründer, dich von miesen Wirtschaftspraktiken und dem Hauptziel der Gewinnmaximierung zu lösen. Wer sich andere Vorbilder in der Wirtschaft wünscht, kann selbst ein besseres Vorbild sein. Entrepreneurship ist deine Möglichkeit dazu.

Aber was ist mit der Gefahr, als Selbstständiger von der Armut bedroht zu sein? Ist da nicht was dran? Haben wir nicht alle schon einmal von irgendjemandem gehört, der aus der Not heraus selbstständig ist, weil er keinen Job fand und seitdem verzweifelt versucht, ein nicht funktionierendes Geschäft am Leben zu halten? Tatsächlich gibt es diese Beispiele. Eine Unternehmensgründung sollte nicht erst aus der Not heraus in Betracht gezogen werden. Wer eigentlich einen Job sucht, wird nur selten den Entrepreneur[13] in sich entdecken. Gründen ist keine Not, es ist eine riesige Chance!

Bisher ging es immer darum, sich anzustrengen, folgsam zu sein, seinen Platz zu finden und zu funktionieren. Man *bekommt* Arbeit, man gibt sie sich nicht selbst. Die ganze Arbeitswelt basiert auf dieser Logik des Genommenwerdens. Irgendein Personaler, irgendein Chef, irgendeine Firma entscheidet sich für dich – dein Schicksal liegt in ihrer Hand. Als Unternehmer nimmst du es in eigene Hände. Aber auch die Selbstständigkeit bedeutet nicht, dass man automatisch frei wäre. Ganz im Gegenteil. Die warnende Beschreibung der Selbstständigkeit als »selbst« und »ständig« kennt hierzulande jeder. Damit die Selbstständigkeit nicht zu einem neuen Gefängnis wird, musst du dich von alten Herangehensweisen verabschieden. Nicht nur der langweilige Job macht Kummer, sondern auch die Selbstständigkeit, wenn sie nicht mit dem richtigen Spirit und den Möglichkeiten der Zeit gestaltet wird. Entrepreneurship bedeutet Selbstermächtigung und löst eine Form der Selbstständigkeit ab, die mit Freiheit häufig wenig zu tun hat.

ENTREPRENEURSHIP BEDEUTET SELBSTERMÄCHTIGUNG UND LÖST EINE FORM DER SELBSTÄNDIGKEIT AB, DIE MIT FREIHEIT HÄUFIG WENIG ZU TUN HAT.

Nehmen wir für die herkömmliche Selbstständigkeit das schwierige Beispiel eines Blumenladens. Das Märchen geht ungefähr so: Der eigene kleine Blumenladen bietet ein Arbeitsleben umgeben von bunter Blumenpracht. Ein Geschäft, das allein deswegen schon voller freundlicher Kunden ist – jeder liebt schließlich Blumen und es gibt jede Menge Anlässe, für die man Blumen dringend braucht. Mit Blumen lässt sich sicher gut Geld verdienen und außerdem hat man einen so schönen Arbeitsplatz! Ein Blumenladen, das wäre ein Traum!

Diese zugegeben absichtlich naiv geschilderte Geschichte vom eigenen kleinen Blumenladen und die romantische Vorstellung des Floristenberufes könnten nicht weiter von der Realität entfernt sein. In Wirklichkeit ist der Handel mit verderblicher Ware immer heikel, die Ladenmiete bleibt gleich, auch wenn mehr Blumen im Müll landen als in den Vasen der Kunden. Ein Kühlraum wird notwendig, er muss eingebaut werden und er schluckt Tag und Nacht Strom. Der Arbeitstag einer Floristin beginnt nicht selten um vier Uhr früh, um auf dem Blumengroßmarkt Ware einzukaufen. Sie hat meist weder an Wochenenden noch an Feiertagen frei. Im Gegenteil, es sind ihre Hauptgeschäftstage. Außerdem steht sie nicht unbedingt in einem geheizten Blumenladen, sondern bindet Sträuße, irgendwo im kühleren Bereich des Ladens, denn Blumen lieben es nicht, wenn es zu warm ist. Hinzu kommt: Wie oft in der Woche kaufst du Blumen? In der Realität ist das Blumengeschäft schwierig und die meisten Floristinnen und Floristen müssen sich heute überlegen, wie sie ihr Geld anders verdienen können als nur mit dem Binden und dem Verkauf von Blumen oder dem klassischen Geschäft auf Hochzeiten und Beerdigungen. Und genau hier zeigt sich, was neu sein muss, damit die Selbstständigkeit ihr Versprechen von Freiheit und Unabhängigkeit auch einlösen kann.

Der kreative Unternehmer weiß: Er muss sich davon verabschieden, etwas so zu tun, wie es schon immer getan wurde. Und davon, nur das tun zu wollen, was er gelernt oder studiert hat. Er muss einen offenen Blick dafür entwickeln, wo etwas einfacher, besser, origineller oder preiswerter geht. Günter Faltin rät, möglichst viele »Sichtachsen« zu entwickeln.[14] Es geht also nicht darum eine völlig neue Idee haben zu müssen, sondern darum, eine neue Perspektive zu bekommen. Wer etwas mit Blumen machen möchte, der muss sich demnach fragen: Wie kann ich mit Blumen Geld verdienen, außer mit dem Verkauf von Blumen? Solche Fragen stellt sich ein Entrepreneur! Er wird sich überlegen: Zum Beispiel über die Vermittlung von Wissen! Wie bindet man eigentlich Sträuße? Welche Pflege brauchen das Beet oder die Gräber? Wie kann der Kunde seine eigene Blumendekoration machen? Die Leute sollen selber binden – es gibt nur Schnittblumen! Wie lässt sich das Konzept Blumenladen radikal vereinfachen? Wie könnte man einen Blumenladen haben ohne Laden? Was kann das Internet für mich als Florist oder Blumenverkäufer tun? Wenn die Leute nicht in den Laden kommen, kann der Laden zu ihnen kommen? Eignen sich meine Räumlichkeiten vielleicht für Fotoshootings? Für Events, für Workshops? Vielleicht als Galerie? Der australische Flower Shop »Loose Leaf – Plants & Flowers«[15] von Wona Bae und Charlie Lawler ist so ein kreatives Konzept, das viel mehr zu bieten hat als nur eine Verkaufsfläche. Neben der Herstellung eigener floraler Produkte, wie zum Beispiel kunstvollen Installationen und Pflanzendekorationen für besondere Anlässe und Events, werden auch Workshops veranstaltet. Ihr Blumenstudio dient als Maker-Space und lädt jeden dazu ein, sich kreativ mit Pflanzen und der Natur zu beschäftigen.[16] Der Blumenladen als Erlebnis! Ihr populärer Instagram-Account[17] unterhält derzeit ca. 45 000 Blumenfans. Das Konzept verbindet das klassische Blumengeschäft mit Kunst und dem Anspruch, eine Plattform für den kreativen Umgang mit Pflanzen zu bieten.[18]

Um heute ein funktionierendes Business aufzubauen, reicht es nicht mehr, nur ein schönes Produkt zu verkaufen oder einen netten Laden zu eröffnen. Dem Rat Günter Faltins folgend, musst du dir überlegen, inwiefern dein Unternehmen neue Verbindungen schafft, um ein völlig neues und interessantes Angebot machen zu können. Du musst dir überlegen, welche verschiedenen Kombinationen von Kunst und Handel, von Dienstleitung und Andersnutzung in deinem Angebot stecken, um dich zu positionieren. Der gute alte USP, also der Unique Selling Point, dein Alleinstellungsmerkmal in einer Welt, in der es scheinbar schon alles gibt, ist nach wie vor von besonderer Relevanz, um Kunden anzuziehen. Heute ist es möglich, Geschäftskonzepte zu entwickeln, die dich in deiner Freiheit nicht belasten, sondern im Gegenteil Raum für deine persönliche Verwirklichung bieten. Die Aufgabe liegt darin, ein Geschäft aufzuziehen, das einfacher konzipiert ist und ohne den Ballast auskommt, der in der herkömmlichen Art und Weise noch notwendig war.

Der Grund, warum wir in Deutschland so viele Cafés, Restaurants, Würstchenbuden und Ladengeschäfte haben, ist, weil wir lieber etwas Etabliertes nachmachen, anstatt innovativ zu denken. Es gibt so viele Currywurstbuden, es kann also nicht so schwer sein, eine zu eröffnen. Tausende haben es vor dir geschafft. Mit jeder neuen Würstchenbude wird es allerdings für alle schwieriger, noch gut davon leben zu können. Um selbstständig erfolgreich zu sein, darfst du dich nicht scheuen, etwas anders zu machen als alle anderen – auch wenn du dich an einem Vorbild orientierst.

AUFGABE

Was ist dein Alleinstellungsmerkmal? Was ist das Besondere an deinem Angebot? Was machst du anders als die anderen und welche Verbindungen schafft dein Angebot? Als Entrepreneur ist dein Beruf die Kreativität!

So wie es einmal war, kann es für viele Branchen ohnehin nicht weitergehen. Aber die Selbstständigkeit ist nicht das Problem. Sie ist die Lösung! Wenn wir sie neu entdecken. Die Mühe lohnt sich. Denn die Selbstständigkeit ist die inklusivste Form der Arbeit, nicht etwa nur etwas für Ausnahmetalente. Selbstständig tätig werden, sich etwas aus den Dingen machen, die Möglichkeiten der heutigen Zeit ausnutzen, kann jeder! Wir alle müssen unser Glück auf dem Arbeitsmarkt versuchen. Aber es ist die angestellte Arbeitswelt, die systematisch aussortiert und für untauglich erklärt: Ältere, Unqualifizierte, Schulabbrecher, Studienabbrecher. Das falsche studiert? Viel Glück bei der Jobsuche! Menschen mit dem falschen Werdegang, ohne die richtigen Verbindungen, Menschen mit Krankheit oder Behinderung und sogar Mütter – sie alle werden von Jobs und Personalabteilungen benachteiligt und müssen in der Folge immer die nächste Bewerbung schreiben oder gar auf die Hilfe des Staates hoffen. Nicht etwa Entrepreneurship und Unternehmertum sind etwas für Privilegierte, Karriere machen zu können ist privilegiert. Aber die Einlassung auf ein fremdbestimmtes Karriereideal hat auch mit sich gebracht, dass sich »Freiheit« nur noch in der Möglichkeit zum Homeoffice zeigt und ansonsten auf Strandurlaube beschränkt. Das Resultat ist eine gestresste Arbeitsgesellschaft, die sich nichts sehnlicher wünscht als das Wochenende und einen tieferen Sinn hinter dem, was sie den ganzen Tag tut. »Freiheit statt Freizeit!«, so wie Joseph Beuys es proklamiert hat, könnte dagegen der Leitspruch für eine neue Selbstständigkeit sein. Dazu müssen wir wieder Lust am Experimentieren haben, den Mut, uns aus der Fremdbestimmung zu lösen, und Spaß an der Umsetzung eigener Ideen entwickeln. Und ganz nebenbei gestalten wir eine neue Arbeitswelt. All das steckt in der Selbstständigkeit, wenn wir ihr neu begegnen.

»FREIHEIT STATT FREIZEIT!«, SO WIE JOSEPH BEUYS ES PROKLAMIERT HAT, KÖNNTE DAGEGEN DER LEITSPRUCH FÜR EINE NEUE SELBSTSTÄNDIGKEIT SEIN.

5 ANNAHMEN ÜBER DIE SELBSTSTÄNDIGKEIT, DIE DICH NICHT AUFHALTEN DÜRFEN

»The resistance is a symptom that you're on the right track. The resistance is not something to be avoided; it's something to seek out.«

Seth Godin

1. »Zum Unternehmer muss man geboren sein«

Unternehmer? »Das ist nichts für mich. Dazu muss man geboren sein!« Was bedeutet diese Annahme? Wer glaubt, er wäre nicht dazu geboren, Unternehmer zu sein, vergisst, dass auch niemand als Angestellter auf die Welt kam. Dank des »Normalarbeitsplatzes« stellen wir das nur nicht mehr infrage. Die überwältigende Mehrheit[19] der Bevölkerung entscheidet sich dazu, angestellt zu sein, ohne sich vorher zu fragen, ob er oder sie nun dazu geboren worden sei. Der Unternehmer in uns wird immer kleiner, während die Arbeitnehmermentalität immer größer wird. Die Versprechen von Sicherheit und Planbarkeit haben aber einen Preis: Das Aufgeben unserer eigenen Träume und der Fähigkeit zur Selbstständigkeit. Müsste doch eigentlich die abhängige Beschäftigung für einen freien Menschen die Notlösung darstellen und die Selbstständigkeit der Normalarbeitsplatz sein, schließlich ist es die natürlichste Art zu arbeiten. Die meisten Leute glauben auch, sie könnten keinen Marathon laufen. Und sie könnten es tatsächlich nicht, nicht bei ihrer Lebensweise. Der sitzende Arbeitstag bringt uns um, aber anstatt uns unsere Bewegungsfreiheit zurück zu erkämpfen, erfinden wir Stehschreibtische. Genauso, wie wir uns von unserer natürlichsten Form der Bewegung entfernt haben, dem Laufen, haben wir uns auch von unserer natürlichsten Form zu arbeiten entfernt: der Selbstständigkeit.

Wir haben in der Zwischenzeit vergessen, dass erst das Industriezeitalter uns alle zu Arbeitnehmern gemacht hat, die fortan von einem Arbeitsplatz und einem Arbeitgeber abhängig wurden. Wir dürfen feststellen: Das Interesse am Handeln liegt uns im Blut. Die Erfolge von virtuellen Marktplätzen wie eBay, DaWanda, Etsy, Amazon und vielen anderen mehr zeigen, dass wir es können. Jede Stadt hat ihre Flohmärkte, es ist populär, seine gebrauchten Sachen bei eBay zu verkaufen, und überall existiert der illegale Schwarzmarkt. Wie kann man da annehmen, dass unternehmerisch arbeiten nur etwas für Ausnahmepersönlichkeiten sei? Wer nicht glaubt, dass der Mensch natürlicherweise zum Unternehmertum neigt, dem empfehlen wir mehr Zeit mit Kindern zu verbringen. Kinder haben für gewöhnlich große Lust, Dinge selbst zu gestalten und sich etwas Eigenes auszudenken ohne sich dabei an Vorgaben zu halten. Sie leben in einer Welt der Lösungen, nicht in einer Welt der Probleme. Sie entdecken ihre Welt und nutzen ihre Möglichkeiten. Genauso funktioniert Unternehmertum. Erst als Erwachsene werden wir zu Angestellten und empfinden das Leben nach fremder Vorgabe als Fortschritt. Das Gleiche gilt übrigens für die Künste. Sind Kinder nicht kleine Künstler, die sich permanent ausdrücken wollen? Wenn wir jetzt aufhören, es ihnen auszutreiben, werden sie es zukünftig auch in der Arbeitswelt leichter haben. Zum Angestellten müssen wir uns disziplinieren, der kreative Unternehmer jedoch steckt schon in uns.

2. »Das Leben besteht nur noch aus Arbeit«

Schon Einstein wusste: »Alles Große in der Welt geschieht nur, weil einer mehr tut als er muss«. Aber Entrepreneurship muss nicht in extreme Arbeit ausarten. Die Annahme, das Leben bestünde »nur« noch aus Arbeit, verrät schon den Charakter, den wir der Arbeit geben. Sie ist schlecht. Schlechter als das übrige Leben zumindest. Eigentlich würden wir lieber etwas anderes mit unserer Zeit anfangen. Für diesen Umstand gibt es eine Lösung. Und zwar, die Arbeit nicht zu unserem Lebensinhalt zu machen, sondern genau andersherum: die Inhalte des Lebens zu unserer Arbeit. Auf diese Weise hat man nicht mehr das Problem, dass die Arbeit einem das Leben stiehlt. Der Mythos der niemals endenden Arbeit hält sich hartnäckig, auch weil die Start-up-Szene ihn ungünstig befeuert und ein hohes Arbeitspensum zu einem Kult überhöht. Lieber 80 Stunden frei, als 38 Stunden festangestellt. »Work hard, play hard« oder »Live for the hustle« – das sind die Slogans, mit denen die Laptops in Co-Working Spaces vollgestickert sind und wo man ihnen begegnet: Gründern, die bei ein paar Dosen Red Bull die Nächte mitsamt einem Team von freiwilligen Software-Entwicklern durchmachen. Und so kommt es, dass sich ein Arbeitskult von 80 Stundenwochen nicht mehr nur bei Managern zeigt, sondern auch bei Start-up-Gründern, die weitaus mehr arbeiten als in jedem Job, nur um Geldgeber zu überzeugen. Und wenn das gelungen ist, wieder fremdbestimmt zu arbeiten, um ihren Renditevorstellungen zu genügen. Das Hamsterrad als Hipstermodell. Es ist nicht das, was wir mit Freiheit meinen.

All das muss mit dem Verständnis von der Selbstständigkeit, die für dich richtig ist, rein gar nichts zu tun haben. Wer als Entrepreneur ständig viel mehr arbeitet als er es sich wünscht, der macht etwas falsch. Das Stichwort der neuen Arbeit ist *Selbstbestimmung.* Dein Geschäftsmodell muss deinem Lebensentwurf entsprechen. Das hinzubekommen, ist deine Aufgabe. Die Trennung von Arbeit und Leben wird dann obsolet. Dein Leben ist deine Arbeit, aber nicht wie bisher, andersherum. Entrepreneure fühlen sich nicht an ihren Schreibtisch gefesselt, denn sie befassen sich mit Dingen, die in ihr Leben passen.

> **DAS STICHWORT DER NEUEN ARBEIT IST *SELBSTBESTIMMUNG.* DEIN GESCHÄFTSMODELL MUSS DEINEM LEBENSENTWURF ENTSPRECHEN.**

Endet das Leben, wo die Arbeit anfängt? Ein unsinniges Konzept, das in die abhängige Beschäftigung gehört. Entrepreneurship, richtig umgesetzt, ermöglicht es, weniger Zeit bei der Arbeit zu verbringen und dafür mehr Zeit für anderes zu haben. Ist es nicht das, was wir uns alle wünschen? Vereinbarkeit von Arbeit und Leben ist das große Thema der heutigen Arbeitsgesellschaft. Warum aber entscheiden sich dann so wenige für Entrepreneurship? Mit ihr lässt sich das Leben am besten vereinbaren. Besser als mit jedem Job, besser als mit der herkömmlichen Selbstständigkeit. Trotz verschiedener eigener Unternehmen haben wir heute mehr Zeit für die Familie, Hobbys, den Hund, Freizeit. Auch die Betreuung kleiner Kinder oder die Pflege von kranken Angehörigen muss nicht mehr im Gegensatz zur täglichen Arbeit stehen. Wie auch immer das Leben verläuft und welche Prioritäten es hat: Entrepreneurship bietet die Lösung für eine Arbeitswelt, auf die das Modell der abhängigen Beschäftigung einfach keine Antworten hat. Das Leben besteht ohnehin zu einem großen Teil aus Arbeit. Im Entrepreneurship liegt die Möglichkeit, anders zu arbeiten, sein kreatives Lebensmodell durchzusetzen und sich aktiv am Wirtschaftsgeschehen zu beteiligen, wenn man es will.

3. »Man braucht sehr viel Mut und man muss das Risiko lieben«

Die Entscheidung, ein Unternehmen zu gründen, ist immer eine Abwägung aus Chance und Risiko. Auch wenn viele es sich vielleicht wünschen: Vom Leben kann man nicht erwarten, dass es vollkommen planbar ist. Das gilt insbesondere für den selbstständigen Arbeitsentwurf. Aber die Entscheidung, ohne Arbeitsvertrag zu arbeiten, ist nicht zu vergleichen mit wirklichen Lebensrisiken. Es ist nicht so, als würde man seine lebenswichtige Medizin nicht mehr einnehmen. Oder betrunken Auto fahren. Oder rauchen. Selbst sein ganzes Leben sitzend im Bürostuhl zu verbringen, ist im Zweifel risikoreicher als die Entscheidung, selbstständig und kreativ zu arbeiten. Und doch glauben viele, sitzend beim täglichen Fast Food in ihrer Mittagspause oder bei Feierabendbierchen und Zigarette am Abend, die Selbstständigkeit wäre für sie zu risikoreich.

Der Glaube, dass man als Unternehmer besonders risikoaffin sein muss und auch in der Freizeit von jeder Klippe springt, gehört zu den unsinnigsten Mythen der Selbstständigkeit. Wir beide gehören zu den eher vorsichtigen Menschen. Flugangst (wir fliegen trotzdem), Bühnenangst (wir gehen trotzdem rauf), Angst vor dem Versagen (wir trauen uns trotzdem). Catharina wagt es sich nicht einmal, zwei Kopfschmerztabletten auf einmal zu nehmen (macht sie wirklich nicht). Trotzdem sind wir leidenschaftliche Unternehmerinnen. Es gilt, kalkulierbare Risiken einzugehen, anstatt in blinden Aktionismus zu verfallen. Risiken bestehen sicherlich in

DER GLAUBE, DASS MAN ALS UNTERNEHMER BESONDERS RISIKOAFFIN SEIN MUSS UND AUCH IN DER FREIZEIT VON JEDER KLIPPE SPRINGT, GEHÖRT ZU DEN UNSINNIGSTEN MYTHEN DER SELBSTSTÄNDIGKEIT.

der nicht vollkommen planbaren Zukunft, der Verantwortung gegenüber Mitarbeitern und Kunden und dem Vertrauen auf die eigene Leistungsfähigkeit. Aber man muss es einmal so sehen: Die wichtigsten Ereignisse im Leben sind die, bei denen der Ausgang ungewiss ist. Für die Liebe braucht man Mut. Zum Heiraten braucht man Mut. Zum Kinderbekommen braucht man Mut. Alles, wofür es keine Anleitung gibt, erfordert Mut. Wer kann schon seine Zukunft vollkommen zuverlässig planen? Wer sagt, dass es schlecht ist, im Leben Verantwortung zu übernehmen, und wieso sollte man sich nicht selbst vertrauen? Wie intensiv man seine Potenziale im Leben ausschöpfen möchte, muss jeder für sich selbst abwägen. Das Gründen einer Firma hat ein bisschen mit Mut, aber viel mehr mit *Drive* zu tun. Der Sorte von Mut, bei dem der Beweggrund, etwas aus seiner Kunst zu machen, wichtiger ist, als die Angst davor. Wer das Leben in der vermeintlichen Sicherheit und gleichförmigen Jobwelt verlässt, ist selten frei von Ängsten. Aber der »Ruf«, um den Ausdruck der Mythologie zu benutzen, ist eben stärker. Kluge Unternehmensführung, Sparsamkeit und der richtige Versicherungsschutz bieten genügend Möglichkeiten, um etwaige Risiken abzufedern. Übrigens ist auch der gute alte Job kein Argument dafür, sich in Sicherheit zu wiegen. Rein statistisch betrachtet liegt das Armutsrisiko bei Selbstständigen nur leicht höher als bei abhängig Beschäftigten (Im Jahr 2014 bei 8,6 Prozent im Gegensatz zu 7,5 Prozent).[20] Zwar verkündete die Presse jüngst, dass vor allem Soloselbstständige von Armut bedroht seien, die Zahlen zeigen jedoch auch, dass Unternehmer, die Arbeitsplätze schaffen, immer noch am meisten Geld verdienen[21]. Angestellte verdienen zum Vergleich übrigens im Schnitt nur 57 Euro mehr im Monat als Selbstständige ohne Beschäftigte.[22] Das Risiko, das mit einer Unternehmensgründung einhergeht, ist mit den in diesem Buch vorgeschlagenen Methoden sehr gut kalkulierbar. Aber realistisch betrachtet gibt es nirgendwo hundertprozentige Sicherheit. Aber es gibt immer eine Wahl. Du kannst wählen, wem du mehr vertraust: dir selbst und deinen Ideen, deiner Kreativität und deiner Gestaltungsmacht oder allen anderen, die meinen, dein Traum funktioniert nicht. Und was nützt einem schon der unbefristete Arbeitsvertrag, wenn man eigentlich etwas anderes machen möchte?

ALLE MENSCHLICHEN QUALITÄTEN WIE EMPATHIE, KREATIVITÄT UND DIE FREUDE DARAN, PROBLEME DES ALLTAGS ZU LÖSEN. HELFEN DIR MEHR ALS EIN BETRIEBSWIRTSCHAFTLICHES STUDIUM.

4. »Um ein Unternehmer zu sein, braucht man ein BWL-Studium«

Das gute an Entrepreneurship ist, dass dieser Weg jedem offen steht. Du kannst noch *heute* anfangen, dein Unternehmen aufzubauen. Du brauchst keinen speziellen Abschluss, kein Studium, keinen Titel und es braucht auch keine Personalabteilung, an der du vorbei musst. Was du brauchst, sind Kunden. Und um die zu bekommen, musst du nicht BWL studieren, sondern ein Angebot entwickeln, das Menschen erreicht. Alle menschlichen Qualitäten wie Empathie, Kreativität und die Freude daran, Probleme des Alltags zu lösen. helfen dir mehr als ein betriebswirtschaftliches Studium. Die Geisteswissenschaften sind mit ihren Disziplinen viel näher am Menschen als die Wirtschaftswissenschaften und eignen sich daher auch gut als Basis für eine Unternehmensgründung. Wir selbst haben Medienkultur und Design studiert und um die Betriebswirtschaftslehre einen großen Bogen gemacht. Aber auch ganz ohne Studium steht der Unternehmer-Karriere nichts im Weg. Kreative Arbeit, empathisches Führen und künstlerische Herangehensweisen sind die Art von Arbeit und Initiative, die dich selbstständig weiterbringt, denn sie ist wichtiger als je zuvor. Zahlenjongleure und Bürokraten gibt es schon genug. Das heißt nicht, dass die Betriebswirtschaft vollkommen unerheblich wäre. Aber sie ist keine Voraussetzung für dich als Gründer, um unternehmerisch erfolgreich sein zu können.[23] Beim Gründen geht es nicht darum, Konzernstrukturen straffen zu können oder das Finanzmanagement eines großen Betriebs zu planen. Besinne dich besser auf deine künstlerischen Fähigkeiten und die Eigenschaften des »ehrbaren Kaufmanns«, als auf die Zahlenorientierung eines Betriebswirtes.

5. »Ich muss Rücksicht auf meine Familie nehmen«

Wer kleine Kinder, kranke Familienmitglieder, die besonderer Pflege bedürfen oder andere Verpflichtungen hat, die Zeit, Geld und Gedanken in Anspruch nehmen, ist häufig überzeugt, dass die Selbstständigkeit das Letzte ist, was er noch braucht. Keine zuverlässige Einkommensquelle,

DIE HOHEIT ÜBER DIE EIGENE ZEIT IST DAS BESTE ARGUMENT FÜR DIE SELBSTSTÄNDIGKEIT.

mangelnde soziale Absicherung und der ständigen Druck, alles selbst machen zu müssen, scheinen genug Argumente zu sein, sich lieber auf einen verlässlichen Job zu konzentrieren, als darauf, ein eigenes Geschäft auf die Beine zu stellen. Und tatsächlich gibt es Momente, in denen die Festanstellung die bessere Wahl zu sein scheint. Aber wir sollten nicht vergessen, welche Freiräume in der Selbstständigkeit möglich sind, bevor wir glauben, dass wir unseren Kindern und Partnern schaden, wenn wir unser Geschick darauf legen, ein Unternehmen aufzubauen. Tatsächlich ist es so, dass man eine gewinnbringende Selbstständigkeit heute in einer Form aufbauen kann, die nicht mehr Zeit in Anspruch nimmt als ein aufwändiges Hobby. Die Hoheit über die eigene Zeit ist das beste Argument für die Selbstständigkeit. Trotz beruflicher Verpflichtungen selbst entscheiden zu können, wann die Arbeit in der Familie und wann die Arbeit im Unternehmen wichtig ist, ist unbezahlbar. Es ist in keinem Job der Welt derzeit möglich, selbst und vollkommen frei über die eigene Zeit zu verfügen. Die Entscheidung, seine eigenen Träume zu begraben und ein völlig anderes Leben zu leben, aus Rücksichtnahme gegenüber anderen, die das vielleicht nicht einmal verlangen, ist vielleicht der schwerste Fehler, den man in seiner beruflichen Laufbahn machen kann. Anders als die angestellte Arbeitswelt, steht Entrepreneurship nicht im Gegensatz zu Leben und Familie, sondern ist Teil eines erfüllten Lebens. Entrepreneur zu sein bedeutet nicht, dass man nicht gleichzeitig eine tolle Frau, Mutter, Tochter, Ehepartnerin, oder ein Mann, Vater, Sohn oder Ehepartner sein kann. Es bedeutet vielmehr, dass man eigene Prioritäten setzt und sich den Möglichkeiten seines Lebens stellt – mit allem, was man daraus machen möchte.

Und dann gibt es noch die Bonus-Annahme, die alle anderen in den Schatten stellt. Vorsicht, sie ist die gefährlichste Ausrede, denn die anderen Ausreden dienen dazu, es sich selbst auszureden. Die Bonus-Annahme dient aber meistens dazu, es anderen auszureden.

Bonus-Annahme: »Das kann nicht jeder!«

Das ist natürlich richtig. Erfolgreich selbstständig sein, den Künstler und den Unternehmer in sich entdecken, kann nicht jeder. Aber du, wenn du dich dazu entscheidest und bereit bist, selbst zu gestalten! Es geht doch gar nicht darum, dass jeder Mensch Unternehmer sein muss. Aber jeder, der es möchte. Warum trauen wir es ihnen nicht einfach zu? Je weniger wir den Menschen zutrauen, desto weniger können sie. Das gilt selbstverständlich auch für einen selbst. Rate mal, was passiert, wenn man über Jahrzehnte eingeredet bekommt, dass Kunst brotlos und Unternehmertum schlecht ist? Dass nicht die kreativen Kräfte in uns wichtig sind, sondern die fabriktauglichen? Das ist kein Urzustand, sondern ein Resultat der Kultur, in der wir leben und arbeiten. Wahr ist, dass alles, was wir in uns nicht kultivieren, verkümmert. Nur weil wir den Unternehmer und den Künstler in uns haben verkümmern lassen, heißt das nicht, dass wir sie nicht wieder zum Leben erwecken können. Das kann jeder. Und es wird höchste Zeit.

> **JE WENIGER WIR DEN MENSCHEN ZUTRAUEN, DESTO WENIGER KÖNNEN SIE. DAS GILT SELBSTVERSTÄNDLICH AUCH FÜR EINEN SELBST.**

UNSERE GESCHICHTE: WAS WIR
AN DER SELBSTSTÄNDIGKEIT LIEBEN

Wir sind keine Eventmanagerinnen und trotzdem veranstalten wir seit sechs Jahren einen der bedeutendsten Designmärkte der deutschen DIY-Szene. Wir hatten keine Ahnung von »Abo-Commerce« und doch gehört unser Unternehmen »supercraft« zu den führenden Abo-Modellen in der Kreativbranche. Wir haben keine Druckerei und sind keine Fachleute, was Drucksachen oder Druckmaschinen angeht, der Papeteriemarkt gilt als schwierig und für Newcomer aussichtslos – und doch haben wir mit »Lemon Books« eine Manufaktur und Design-Plattform für individuelle Notizhefte umgesetzt. Das Projekt »workisnotajob.« und das zugehörige Buch dient vielen als Inspiration für eine neue Haltung zur Arbeit – obwohl wir keine Autorinnen sind (dieses Buch ist unser Drittes). Wir sind keine Business-Coaches, Gründerberaterinnen oder Journalistinnen und haben trotzdem die Interviewreihe »superwork« initiiert und bieten Online-Workshops für die Selbstständigkeit an, die hunderte von Gründungswilligen inspirieren. All das geht, weil unsere Unternehmen auf den Prinzipien des Entrepreneurships und gesundem Menschenverstand basieren: kreative Geschäftskonzepte, radikale Vereinfachung in der Umsetzung, Sparsamkeit in der Nutzung von Ressourcen, Qualität bei der Auswahl und Produktion der Materialien, Menschenliebe, Fokussierung des eigenen Lebensstils auf das, was persönlich bedeutsam ist, und die große Überzeugung beider Gründerinnen für ihre Sache. Unsere Arbeit ist so vielfältig wie kein Job der Welt es sein könnte. Arbeit soll unser Leben nicht behindern, sondern bereichern. Unsere Unternehmen sind vollständig eigenfinanziert und stehen auf soliden Beinen. Entrepreneurship bietet uns alles, was wir von unserer Arbeit erwarten: Gestaltungsmacht, Unabhängigkeit und die Freiheit selbst zu entscheiden, womit wir unsere Zeit verbringen möchten. Von den eigenen Ideen leben zu können, hat uns zu selbstbewussteren Frauen und unabhängigeren Menschen gemacht.

Wir haben unsere Jobs vor langer Zeit gekündigt und uns einfach selbst eingestellt. Während Jobs uns immer gebremst und auf einen kleinen Zuständigkeitsbereich geparkt haben, können wir uns jetzt in verschiedenen Bereichen ausprobieren. Das Gefühl, selbst zu gestalten, die Resonanz der Menschen, die unsere Angebote lieben und in ihr Leben integrieren, ist unbeschreiblich. Die vielfältigen Chancen, sich persönlich und beruflich weiterzuentwickeln, mit anderen interessanten Menschen zusammenzuarbeiten und all die Türen, die aufgehen, wenn man sich mit seinen Ideen raustraut, sind Vorteile des kreativen Unternehmertums, die viel zu selten zur Sprache kommen.

Die Selbstständigkeit macht nur dann Spaß, wenn sie dabei hilft, das Leben leben zu können, das man sich wünscht. Daher finden wir es wichtig, Menschen darin zu unterstützen, die Selbstständigkeit so aufzubauen, dass sie genau dazu beitragen kann.

TEIL 2

DIE MACHT DES MACHENS

SELBSTBESCHÄFTIGUNG STATT VOLLBESCHÄFTIGUNG: DO IT YOURSELF!

»Most people have been brainwashed into believing that their job is to copyedit the world, not to design it.«

Seth Godin

Noch nie zuvor war es so wichtig, selbst zu wissen, was man von seinem Leben möchte. Unser Alltag wird von der Uhr, dem Kalender, den Werktagen diktiert. Alle Bereiche des Lebens sind durchstrukturiert und angeleitet, ohne dass wir besonderen gestalterischen Einfluss darauf nehmen müssten. Was ist die beste Uhrzeit für guten Sex?[1], Welcher Lippenstift passt zum Montagsmeeting? Welches Outfit verschafft mir die Gehaltserhöhung? Sind Sie bereit für Kinder? Machen Sie den Test! Google hat für jeden eine Antwort. Selbst denken ist optional. Unsere Alten geben wir ins Altersheim, kleine Kinder möglichst früh in die Kita, damit wir ungestört zur Arbeit und zum Einkaufen gehen können. Die Erwartungen an unseren Arbeitstag, unsere Karriere und sogar unsere Wünsche sind nicht von unseren eigenen Träumen, sondern vom Industriezeitalter geprägt. Der Staat passt auf mich auf, die Fabrik versorgt mich gut. Es wurde sich um alles schon gekümmert. Aber immer, wenn »alles schon da ist«, sollte man als selbst denkender Mensch besonders aufmerksam werden. Denn immer dann besteht die Gefahr, die Vorgabe als

> NIEMAND BEWAHRT DICH VOR EINER »STANDARD-ERWERBSBIOGRAFIE«, DIE MEISTEN MENSCHEN WERDEN DIR SOGAR DAZU RATEN. WIR RATEN DIR ETWAS ANDERES. WENN DU NICHT EINVERSTANDEN BIST, MIT DEM, WAS IM ANGEBOT IST, SCHAFFE SELBST EINE BESSERE ALTERNATIVE. DO IT YOURSELF!

vollkommenen Zustand zu verstehen und dabei zu vergessen, seine eigene Zuständigkeit wahrzunehmen. Damit hängen viele Schwierigkeiten der Arbeitswelt zusammen. Austauschbarkeit und Fremdbestimmung sind nicht die Ausnahme, sondern wesentliche Elemente der abhängigen Beschäftigung. Sie ist massenkompatibel, nicht weil sie jeden einbezieht, sondern weil sie keinen Wert auf Individualität legt. Sie hat uns das unternehmerische Selbstbewusstsein genommen und mit dem Versprechen von Sicherheit zu risikoscheuen Arbeitnehmern gemacht, die hauptsächlich damit beschäftigt sind, die ihnen übertragenen Aufgaben abzuarbeiten. Tatsächlich dürfte es jedem klar sein, dass auch unsere wohlständige Gesellschaft weit entfernt von einem vollkommenen Zustand ist. Wer eigene Ideen für sie hat, muss nur seine Kräfte mobilisieren und beginnen, selbst Gestalter zu sein. Das ist der wohl schwierigste und ungewohnteste Schritt für die meisten von uns: zu erkennen, dass man auf den eigenen Weg nur dann gelangt, wenn man sich selbst dazu entscheidet. Niemand bewahrt dich vor einer »Standard-Erwerbsbiografie«, die meisten Menschen werden dir sogar dazu raten. Wir raten dir etwas anderes. Wenn du nicht einverstanden bist, mit dem, was im Angebot ist, schaffe selbst eine bessere Alternative. Do It Yourself!

Wer bei »Do It Yourself« an Stricken, Häkeln oder Fußboden verlegen denkt, liegt nicht vollkommen falsch, schließlich sind das eigenständige Anwenden von Fähigkeiten und der Verzicht darauf, ausschließlich konsumierend zu leben, gar nicht so weit entfernt von dem, was wir mit modernem Unternehmertum verbinden können. Aber Handarbeit ist nur eine Facette der Do-It-Yourself-Bewegung. Es ist ein Anfang. Denn wenn man erst mal beginnt, etwas selbst zu machen, verändert das die Art und Weise, wie man sich selbst und die Welt um sicher herum wahrnimmt. Plötzlich erkennt man seine Fähigkeiten. Plötzlich erkennt man Zusammenhänge. Plötzlich traut man sich, mehr selbst zu machen und mehr selbst zu wissen. Bei der Selbstständigkeit geht es im Kern um die Lust am Selbermachen.

Darum, sich zuständig zu fühlen, spätestens wenn es so, wie etwas bisher gemacht wird, und wenn all das, was es schon gibt, nicht mehr zufriedenstellt.

Das Konzept von Do It Yourself ist gut auf die Arbeitswelt übertragbar, schließlich ist »DIY« in den 60er und 70er Jahren als Gegenentwurf zur monotonen Arbeitswelt entstanden.[2] Wikipedia verrät: »DIY heißt für seine Anhänger oft, den Glauben an sich selbst und die eigene Kraft als Triebfeder für Veränderungen zu sehen.«[3] Und genau diese Einstellung brauchst du, um als kreativer Unternehmer erfolgreich zu sein. Zur Selbstbestimmung gehört das Selbermachen.

Der Künstler in dir ist nicht selten ein guter Systemkritiker, der Unternehmer ein Reformer. Ein Business zu gründen, steht nicht im Widerspruch dazu, sich gesellschaftlich zu engagieren oder gegen die irrigen Auswüchse des Kapitalismus zu stellen. Der kreative Selbermacher von heute muss wissen, dass er den Unternehmer in sich aktivieren und die Chancen des Kapitalismus für sich nutzen muss, um ihn gleichzeitig besser zu machen. Die DIY-Kultur ist eine schöpferische Form des Widerstands, weil sie etwas entstehen lässt, anstatt die Umstände zu beklagen. Niemand hält dich auf, die großen oder kleinen Probleme der Welt selbst in Angriff zu nehmen und unternehmerisch zu lösen. Das Internet hat den Handel und die Wirtschaftsprozesse demokratisiert und außerdem Werkzeuge für die nötige Öffentlichkeit gebracht. Die Rahmenbedingungen dafür, sich mit einer eigenen Idee durchzusetzen, haben sich zu Gunsten all jener geändert, die nicht darauf warten, dass sie irgendwo genommen werden, sondern einfach selbst anfangen, etwas zu unternehmen.

Ein beeindruckendes Beispiel ist das Unternehmen von Anemone Zeim und Madita van Hülsen. Die beiden Frauen wünschen sich einen gesünderen Umgang mit dem Leben, dem Tod und der Trauer in unserer Gesellschaft. Das ist ihr Beweggrund. Der Tod und die zugehörige Trauerverarbeitung werden gesellschaftlich tabuisiert, obwohl er jeden von uns früher oder später betrifft. Zeim und van Hülsen haben mit der Gründung von »Vergiss Mein Nie« ein breites Spektrum von Angeboten geschaffen, die Menschen im Todesfall Angehöriger in Phasen der Trauer und vor allem bei der Bewahrung ihrer guten Erinnerungen unterstützen. Die positive Wirkung von einer schönen Trauerkommunikation und der Gestaltung von Erinnerungen in der Trauerarbeit wird derzeit vollkommen vernachlässigt und auch von keinem Bestattungsunternehmen angeboten. Im Gegenteil: Wenn jemand stirbt, dann muss alles schnell gehen. Jeder, der schon einmal einen Todesfall in der Familie hatte, kennt das. Für die Trauer ist zunächst keine Zeit, die Beerdigung muss organisiert werden und möglicherweise der Nachlass. Es geht nicht mehr um den verstorbenen Menschen selbst, sondern darum, alles für sein Verschwinden zu organisieren. Wenn alles vorüber ist, sind zwar die Formalitäten geregelt, aber die Trauer bleibt. Im Todesfall startet eine Maschinerie, die keine Rücksicht darauf nimmt, was wirklich wichtig ist: die Erinnerung an den Verstorbenen lebendig zu halten. Daher bieten Zeim und van Hülsen »kreative Erinnerungsarbeit« an und erarbeiten aus Erinnerungen, Fotos, alten Filmen und allem, was von dem Verstorbenen zurückbleibt, lebendige und ganz besondere Erinnerungsstücke, um auf liebevolle Weise »den Tod in das Leben zu integrieren«. Es gibt ein umfangreiches Angebot zur Trauerbewältigung: von Workshops über Coaching und »Schreibwerkstatt für die Seele« sind auch Angebote für trauernde Kinder dabei, bis hin zur Vermittlung von professioneller Notfallseelsorge. Außerdem kümmern sie sich um die gesamte Trauerkommunikation. Der Tod macht oft sprachlos. Die beiden Gründerinnen holen ihn mit »Vergiss Mein Nie« aus der Sprachlosigkeit und widmen sich mit ihrer Gründung einem der wichtigsten menschlichen Bedürfnisse, an das sich kaum jemand herantraut: der positiven Trauerbewältigung – frei nach Bertolt Brecht: »Du bist erst tot, wenn sich niemand mehr an dich erinnert«.[4] Die Arbeit mit Trauernden erweist sich für die Gründerinnen nicht, wie viele Menschen annehmen, als besonders traurig –

sondern im Gegenteil: Der Tod ist traurig, aber Erinnerungen sind fröhlich, Lebensge-schichten sind inspirierend und interessant. Die Arbeit an der Erinnerungsbewahrung zusammen mit den Angehörigen ist von positiver Stimmung getragen, denn sie holt die Lebensenergie zurück und hält sie fest, anstatt der Verzweiflung zu erliegen. Zeim und van Hülsen schreiben: »Wir können uns kaum etwas Erfüllenderes vorstellen, als Trauernde auf diesem Weg zu begleiten, am Leben anderer teilzuhaben und ein Stück dieser Lebensenergie für dunkle Zeiten aufzuheben.«[5]

Hätten die beiden sich nicht dazu entschlossen, »Vergiss Mein Nie« zu gründen, gäbe es dieses Angebot nicht. Und da sag noch mal einer, es wäre nicht möglich, selbstständig etwas von Bedeutung zu schaffen.

Wer sich davor scheut, selbst zu machen, der bleibt nur Zuschauer. Der wird im-mer auf das Programm anderer angewiesen sein. Egal, in welcher Branche: DIY ist der Ausdruck von Selbstermächtigung und eine vernünftige Art der Reaktion auf die Antworten, die der (Arbeits-)Markt zu bieten hat. Es ist deine Freiheit, selbst zu gestalten. Das Gebot der Stunde lautet: Do It Yourself!

AUFGABE

Welches Problem wird aus deiner Sicht von niemandem zufriedenstellend gelöst? Was kannst du selbst tun, um dieses Problem unternehmerisch lösen?

DEIN UNTERNEHMEN

»Was immer schon ein Künstler in sich trägt,
es hält der Marmorblock in harter Hülle.«

Michelangelo

VON DER IDEE ZUM UNTERNEHMEN

Ideen haben wir alle, jeden Tag. Aber für ein funktionierendes Geschäft brauchst du nicht nur eine Idee, du brauchst ein Konzept. Oft ist es so, dass Gründungsideen bei Freunden und Bekannten schnell positiven Anklang finden. Wenn man zum Beispiel im Freundeskreis erzählt: »Ich mache mich mit einer Online-Plattform für aufregende Traumjobs selbstständig«, dann werden wahrscheinlich viele sagen: »Tolle Idee! Jeder wünscht sich doch schließlich einen aufregenden Traumjob!« Tatsächlich ist es klug, sich etwas auszudenken, von dem Freunde spontan sagen, sie würden es benutzen, und von dem sie ihren Freunden erzählen. Aber die Bestätigung einer bloßen Idee ist noch lange keine Bestätigung eines Geschäftskonzeptes. Es ist nur eine flüchtige Beurteilung eines meist noch unkonkreten Einfalls.

Dein Fokus sollte auf der Ausarbeitung eines Geschäftskonzeptes, deinem Produkt und dem Geldverdienen liegen. Die meiste Arbeit ist es, eine Idee zu einem Geschäftskonzept zu machen, sie dabei auf das Wesentliche zu reduzieren und dann möglichst einfach zugänglich zu machen. Michelangelo sagte angeblich: »Der David steckte schon immer in dem Marmorblock. Ich habe nur entfernt, was nicht dazu gehörte.« Es ist alles schon da, man muss es aber in die Hand nehmen und ihm eine Form geben.

Im Alltag begegnen einem unternehmerisch denkenden Menschen hunderte von Möglichkeiten, Dinge zu verbessern, anders zu machen, neu zu interpretieren. Er identifiziert eine Schwachstelle, eine verbesserungsbedürftige Situation oder hat ein Problem und löst es nicht nur für sich, sondern gleich für alle und bietet die Lösung an. Das ist Unternehmertum!

Es ist nicht nötig, etwas ganz Neues zu erfinden oder abseits eigener Lebensrealitäten zu suchen. Besser ist es, ein Problem des Alltags zu identifizieren. Denn wenn man selbst ein Problem hat, ist es sehr wahrscheinlich, dass andere es auch haben. »Nicht mit Erfindungen, sondern mit Verbesserungen macht man Vermögen«, wusste schon Henry Ford. Häufig hören wir, dass man ein Unternehmen aus Sicht des Kunden aufziehen sollte. Schließlich sind sie diejenigen, die das Angebot nutzen sollen. In dieser Logik versteckt sich jedoch ein Haken: Angebote aus reiner Konsumentensicht zu konzipieren, ist häufig wirklichkeitsfern, denn der Konsument bedenkt den Aspekt des Geldverdienens in der Gestaltung des Angebotes nicht. Er denkt nur an die Bequemlichkeiten der Nutzung. Das soll nicht heißen, dass man den Kunden in seiner Überlegung vergessen sollte. Auf keinen Fall! Aber er sollte nicht das Konzept erstellen. Wir empfehlen daher immer, sich schon von Beginn an von der Konsumentenlogik zu lösen. Die Idee sollte mit den pragmatischen Augen eines Unternehmers betrachtet und mit den kreativen Händen des Künstlers gestaltet werden. Keiner von beiden sieht seine Arbeit nur als »Job«! Man darf an die ganze Sache nicht herangehen wie an einen Job. Wer selbstständig erfolgreich sein möchte, der muss eine ganz andere Mentalität kultivieren. Der erste Schritt, ein Unternehmer zu sein, ist es, wie ein Unternehmer zu denken. Nicht wie ein Angestellter, nicht wie ein Konsument. Den Unternehmer kitzelt die Herausforderung, er sieht das Geschäft und den Markt in jedem Vorhaben. Der Künstler sieht die Chance, sich selbst zu verwirklichen. Der Konsument sieht nur das Vergnügen, seinen Vorteil oder das Geld, das er sparen kann.

Wenn es deine Idee ist, ein Restaurant zu eröffnen, weil du gerne kochst, oder eine Pension zu haben, weil du gerne verreist, oder ein Café, weil du gerne Kaffee trinkst, dann ist das schön – aber du brauchst eine bessere Idee. In den allermeisten Fällen brauchst du eine bessere Idee, als die, von der du anfänglich und aus Konsumentensicht begeistert bist. Das soll nicht heißen, dass du deinen Traum vom eigenen Restaurant, Café, Pension etc. nicht weiter verfolgen solltest. Es heißt, dass dein Traum, um bessere Chancen auf Erfolg zu haben, aus nicht herkömmlicher Sichtweise betrachtet werden muss. Wie der Blumenladen in dem Beispiel für die neue Selbstständigkeit. Die Aufgabe, die sich dir stellt, ist: Wie mache ich mein Café, ohne mich in das Angebot von bereits etablierten Cafés einreihen zu müssen? Was ist das Merkmal, das mein Café besonders macht? Wie mache ich aus meinem Café ein Erlebnis? Wie verbinde ich verschiedene Elemente und kombiniere sie zu einem völlig neuen und originellen Angebot? Überleg dir, wo deine Nische ist. Der Einstieg in Nischenmärkte ist einfacher. Konzentriere dich auf spezialisierte Märkte, die sich auf individuelle Bedürfnisse ausrichten. Es ist zum Beispiel heute klüger, ein vegetarisches Restaurant mit Menüs auch für Laktoseintolerante in Betracht zu ziehen, als einfach ein Restaurant.

AUFGABE

Wie wird aus deinem Business ein Erlebnis?

Wo ist deine Nische?

DAS UNTERNEHMENSKONZEPT DEINES LEBENS

Dein Leben hält genug Stoff bereit, um viele funktionierende Geschäftskonzepte zu entwickeln. Der Wunsch, auch beruflich tun zu wollen, was man liebt, ist sicherlich nicht verkehrt, aber selten zielführend. Catharina zum Beispiel liebt den Laufsport – sie läuft täglich und möchte sich ihr Leben ohne ihre täglichen Kilometer nicht vorstellen. Sicherlich könnte sie auch ein Geschäft daraus machen. Außer dem täglichen Lauftraining würden aber nun ganz andere Dinge notwendig werden, wenn sie plötzlich Geld damit verdienen müsste. Sie möchte aber laufen, nicht den Laufsport vermarkten. »Zu tun, was man liebt« muss sich nicht unbedingt in dem unmittelbaren Geschäftskonzept widerspiegeln. Die meisten Menschen sind sich ohnehin vermutlich nicht im Klaren darüber, was sie eigentlich genau lieben. Unternehmertum bietet zwar viele Möglichkeiten dazu, sich beruflich zu verwirklichen, es ist aber nicht immer sinnvoll, sein geliebtes Hobby zum Geschäft zu machen. Die Leidenschaft muss im unternehmerischen Arbeiten und der kreativen Umsetzung von Ideen selbst liegen – es geht nicht unbedingt darum, einer einzigen speziellen Leidenschaft nachzugehen. Es geht darum, seine Arbeit als ein leidenschaftliches Gestaltungsmittel zu erkennen.

supercraft ist nicht entstanden, weil wir Zuhause den ganzen Tag basteln. Sondern weil wir fest glauben, dass mehr Kreativität im Alltag das Leben schöner macht und dass Selbermachen ein wichtiges Element zur Selbstermächtigung ist.

> UNTERNEHMERTUM BIETET ZWAR VIELE MÖGLICHKEITEN DAZU, SICH BERUFLICH ZU VERWIRKLICHEN, ES IST ABER NICHT IMMER SINNVOLL, SEIN GELIEBTES HOBBY ZUM GESCHÄFT ZU MACHEN.

Wir möchten kreativ arbeiten und wir wollen, dass unsere Kunden es auch können. Du musst dich also als erstes fragen: Was ist mir selbst wichtig? Und dann: Was bringt das meinen Kunden? Nicht: Was tue ich grade am liebsten? Und auch nicht: Wie könnte ich mal schnell Geld verdienen?

Als wir ein Buch über Arbeit geschrieben haben[6], haben wir immer wieder betont, wie wichtig es ist, eine Überzeugung zu haben. Das gilt auch für das Gründen und vor allem für das Führen eines Unternehmens. Aber eine starke Überzeugung allein reicht nicht aus. Häufig begegnen uns Gründer, die von sich und ihrer Idee so stark überzeugt sind, dass sie gar nicht merken, dass sie nicht durchdacht ist. Ein häufiger Grund, warum Gründer scheitern, ist, weil sie etwas anbieten wollen, das niemand wirklich braucht und an erster Stelle in ihre Idee verliebt sind.[7] So sehr wir für einen idealistischen Gründertypus werben, so wichtig ist es auch anzumerken, dass sich unternehmerischer Erfolg nur einstellen kann, wenn in dem Geschäftskonzept auf tatsächliche Bedürfnisse eingegangen wird und man als Gründer erkannt hat, was andere lieben, nicht nur man selbst. Nur weil du vielleicht eine Leidenschaft für Hunde hast, heißt das nicht, dass dich diese Liebe auch ernähren kann. Aber wenn du es verstehst, ein Problem aller Hundebesitzer zu lösen, steigen deine Chancen.

Dein Konzept muss also nicht unbedingt deiner speziellen Leidenschaft gerecht werden, sondern besser einen übergeordneten *Sinn* verfolgen. Es ist sinnvoll, Geld mit dem zu verdienen, was dir sinnvoll vorkommt. Und dazu braucht man nicht unbedingt flammende Liebe, sondern vor allem das Gespür für eine *Notwendigkeit*. Viele Dinge, die sinnvoll und notwendig sind, tun wir nicht in erster Linie leidenschaftlich, sondern aus dem Gefühl einer persönlich wahrgenommenen Notwendigkeit heraus. Etwas, das notwendig ist, hat übrigens sehr viel mehr Potenzial dafür, von anderen in Anspruch genommen zu werden, als eine persönliche Leidenschaft. Nicht jeder hat eine klare Leidenschaft, nicht jeder spürt seine Berufung. Aber eine Notwendigkeit kann jeder identifizieren. Ein Geschäftsmodell, das an eine Notwendigkeit gekoppelt ist, hat also bessere Chancen als eins, das an eine momentane Leidenschaft gekoppelt ist. Überlege nicht was du am meisten liebst, sondern was dich am meisten *bewegt*. Und dann überlege, was es anderen nützt. Geschäftskonzepte mit einem klaren Nutzen, die andere in ihrer persönlichen Weiterentwicklung helfen oder in der eigenen Unabhängigkeit unterstützen, haben heute großes Potenzial. Und damit meinen wir nicht etwa die Coachingbranche. Abseits von reinen Beratungstätigkeiten gibt es sehr viele Möglichkeiten für Konzepte und Arbeit mit und am Menschen.

Produkte und Dienstleistungen, die »Empowerment« liefern, erfüllen gleichzeitig eine wichtige Komponente in deiner täglichen Arbeit als Unternehmer. Sie stiften Sinn. Wer andere unterstützt, tut etwas Sinnvolles. Den Sinn in seiner Arbeit nicht lange suchen zu müssen, ist unerlässlich, um berufliche Erfüllung zu finden. In unserer satten Gesellschaft, in der zumindest hierzulande die dringlichsten Fragen der bloßen Existenz beantwortet, die meisten materiellen Wünsche erfüllt sind und der Konsum alleine nicht mehr glücklich macht, wird der Wunsch nach Selbstverwirklichung stärker. Reine Konsumprodukte benötigen viel Marketing, weil sie niemand wirklich braucht. Wonach sich aber viele sehnen, ist die Rückbesinnung auf sich selbst. Mehr *Sein*. Wie kannst du anderen helfen, mehr zu sein, anstatt nur mehr zu haben? Wir erinnern uns an Erich Fromm, der mit seinem Werk *To have*

PRODUKTE UND DIENSTLEISTUNGEN, DIE »EMPOWERMENT« LIEFERN, ERFÜLLEN GLEICHZEITIG EINE WICHTIGE KOMPONENTE IN DEINER TÄGLICHEN ARBEIT ALS UNTERNEHMER. SIE STIFTEN SINN.

or to be? bereits 1976 die alles entscheidende Frage in den Raum stellte: Wollen wir mehr haben oder wollen wir mehr sein?

Sie ist unserer Meinung nach heute ein wichtiger Aspekt eines guten Geschäftskonzeptes. All unsere Unternehmen haben diesen Gedanken zur Grundlage. Wie können wir mit unseren Angeboten unterstützen, dass Menschen zu Gestaltern werden? Indem wir ihnen die Werkzeuge, Anlässe, Möglichkeiten und vor allem die Zeit geben, sich mit ihrer eigenen Kreativität zu befassen und selbst etwas zu *machen*, anstatt nur zu konsumieren. Ein starkes Geschäftskonzept sollte beinhalten, den Menschen in seiner Entwicklung und Selbstwirksamkeit zu unterstützen (Empowerment), ihn zu etwas einzuladen (Zugehörigkeit), seinen Alltag schöner oder einfacher zu machen oder ihm Zeit zu schenken, anstatt ihm nur etwas zu verkaufen. Wenn du etwas anbieten kannst, das den Menschen Zeit spart, Zeit schenkt oder Zeit besser nutzen lässt, dann hast du gute Chancen, mit deinem Unternehmen einen Unterschied machen zu können. Denn das ist es, was heute alle wollen: mehr sein und mehr Zeit.

AUFGABE

Wie kannst du mit deinem Geschäftsmodell anderen helfen, mehr zu sein, anstatt nur mehr zu haben? Aus welchem Grund brauchen Menschen deine Produkte?

SCHRITT FÜR SCHRITT

Eine ideale Lösung für viele wäre die Kombinationen von Festanstellung und Selbstständigkeit – warum nicht beides haben? Sicherlich begünstigt das gegenwärtige Steuer- und Sozialversicherungssystem diesen hybriden Arbeitsentwurf nicht, aber natürlich besteht die Möglichkeit, im Nebenerwerb selbstständig tätig zu werden. Der große Sprung ist nicht immer nötig – und wenn es doch nicht das richtige ist, ist immer noch ein Fuß in der Bürotür. Warum gleich kündigen? Catharina hat ihr erstes Business als einfachen Design Blog aus der Festanstellung heraus gestartet, Sophie hat in der Nacht für ihr Design Label genäht und am Tag festangestellt als Designerin gearbeitet. Auf diese Weise wächst man langsamer in seine Aufgabe als Unternehmer, geht kaum finanzielle Risiken ein und kann seine Idee schon mal am Markt testen. Irgendwann kommt der Zeitpunkt, an dem du vor der Entscheidung stehst, dich entweder voll auf das eigene Unternehmen zu konzentrieren und vermeintliche Sicherheiten zurückzulassen oder es beim Nebenerwerb zu belassen. Warum auch nicht? Eine Schritt-für-Schritt-Gründung nimmt den Druck und ermöglicht es, mit seinem Konzept herumzuexperimentieren und dabei im eigenen Tempo selbstständig zu werden. Es geht nicht um Geschwindigkeit. Es geht nicht um Geschwindigkeit. Warum sollte man etwas tun, von dem man keine Ahnung hat, ohne Erfahrung und nur in der Hoffnung, dass es schon klappen wird? Ein funktionierendes Geschäftskonzept zu erfinden, braucht viel Zeit. Eine Idee zu einem funktionierenden Konzept zu machen, ist die wichtigste Leistung der gesamten Unternehmensgründung, und sowohl Künstler

> EINE SCHRITT-FÜR-SCHRITT-GRÜNDUNG NIMMT DEN DRUCK UND ERMÖGLICHT ES, MIT SEINEM KONZEPT HERUMZUEXPERIMENTIEREN UND DABEI IM EIGENEN TEMPO SELBSTSTÄNDIG ZU WERDEN. ES GEHT NICHT UM GESCHWINDIGKEIT.

als auch Unternehmer in dir sind dabei gefragt. Am Geschäftsmodell zu feilen und es durch das Testen am Markt Stück für Stück zu verbessern, sollte Spaß machen und nicht von Unsicherheiten dominiert sein. Es ist klüger, erst Erfahrungen zu sammeln und sich mit den Aufgaben vertraut zu machen, als davon auszugehen, dass ein Leben ohne Chef schon Spaß machen und das Geld schon irgendwie reinkommen wird. Jeder hat sein eigenes Tempo und nicht jeder ist vollkommen unglücklich in der Festanstellung. Der richtige Zeitpunkt zum Kündigen ist nicht unbedingt der, an dem du im Job am unglücklichsten bist. Der richtige Zeitpunkt ist der, an dem das eigene Geschäftskonzept so weit gediehen und ausgetestet ist, dass sich unmissverständlich zeigt, dass die eigene Idee besser ist als der Job! Für den Anfang kannst du ein wunderbarer Unternehmer sein, der für ein paar Stunden auch noch ins Büro geht.

Ein Problem bei dieser Herangehensweise ist, dass man leicht den Absprung verpasst. Der Sog zurück in den »sicheren« Job, die garantierte Gehaltsabrechnung, den planbaren Tag ist mächtig. Es ist nicht schwer, einen Job zu bekommen, es ist schwer, ihn wieder loszulassen. Zu schnell gewöhnt man sich an die Annehmlichkeiten und Routine des Jobs. Der Weg zurück zu dem, was man wirklich will, wird schwieriger mit jedem Tag, an dem man sich in dieser Routine eingerichtet hat. Sich die Freiheit zu nehmen, auszubrechen und ein funktionierendes Unternehmenskonzept zu entwickeln, kostet Zeit und starke Eigeninitiative. Fremdbestimmung dagegen gibt es überall gratis. Und es fällt zu leicht, sich an sie zu gewöhnen.

AUFGABE

Welche Schritte kannst du bereits aus der Festanstellung tun, um dein Unternehmen auf stabile Beine zu stellen?

MITSTREITER FINDEN

Der Erfolg eines Unternehmens hängt stark von der Gründerpersönlichkeit, beziehungsweise dem Gründerteam ab. Viele große Firmen wurden einst von nur einer Person oder einem Team aus zwei Personen gegründet. Der amerikanische Traum, aus der Garage heraus einen Weltkonzern zu bauen, inspiriert bis heute Gründer aus aller Welt. Tatsächlich ist es wichtig, sich Gedanken darüber zu machen, ob man alleine gründen möchte oder im Gründergespann. Eine große Hürde auf dem Weg ist oft die Furcht vor der Verantwortung und der Umstand, dass man glaubt, alles alleine wissen, entscheiden und tun zu müssen, wenn man keinen Partner hat. Im Gründerteam zu arbeiten, bringt viele Vorteile mit sich. Im besten Fall verdoppeln sich die Kompetenzen und die Verantwortung wird geteilt. Idealerweise besteht das Gründerteam aus einem Experten für das Produkt, der durch jemanden ergänzt wird, der gut verkaufen kann, rät Guy Kawasaki.[8] Wir glauben zudem, dass mindestens einer davon die Vision für das Unternehmen haben sollte und – ebenso wichtig –, mindestens einer ein praktischer Typ sein sollte. Der Visionär braucht den Macher und andersherum, damit aus der Idee ein kreatives Unternehmen wird. Je nachdem, welche Expertise du dir selbst zusprichst, sollte dein Partner dich komplementieren. Natürlich kann man auch als »Solopreneur« sehr erfolgreich sein, ohne sein Unternehmen als Ballast wahrzunehmen. Ob man nun alleine oder mit Freunden gründet, Unternehmertum ist flexibel ausgestaltbar und auf die jeweilige Situation anpassbar. Egal, ob du aktiv einen Co-Founder suchst

> **DER VISIONÄR BRAUCHT DEN MACHER UND ANDERSHERUM, DAMIT AUS DER IDEE EIN KREATIVES UNTERNEHMEN WIRD.**

oder nicht: Warte nicht darauf, dass er dir zufällig über den Weg läuft. Hilf der Fügung auf die Sprünge, indem du schon mal daran arbeitest, dich und deine Idee sichtbar zu machen, damit deine Arbeit die richtigen Menschen anzieht. So war es auch bei uns: Wir mussten kein theoretisches Unternehmen durchplanen, sondern konnten aufgrund bereits umgesetzter Projekte entscheiden, ob wir inhaltlich zueinander passen. Die Motivation war klar, die Vision bereits spürbar. Beste Voraussetzungen, um die nächsten Schritte zusammen zu gehen. Wenn du einen Co-Founder suchst, zeig dich auf Events, die deine Interessen zum Inhalt haben und besuche branchenrelevante Konferenzen. Tausche dich, wo du kannst, über deine Themen aus, online und offline. Halte die Augen auf nach Projekten, die inhaltlich zu dir passen, und Persönlichkeiten, die dich inspirieren, und nimm den Kontakt auf. Wenn ihr euch gefunden habt, dann kann diese Symbiose aus komplementären Fähigkeiten der Beginn einer Erfolgsgeschichte sein. Aber egal, wie gut ihr euch versteht und mit welcher Euphorie der gemeinsame Weg geplant wird: Wichtig ist es, sich gleich zu Beginn über die angestrebte Rechtsform klar zu werden (siehe Teil 3) und sich schriftlich auf einige Punkte zu einigen. Egal, wie gut man befreundet ist, wie sehr man einander vertraut und wie unwichtig es einem vorkommt: Es ist unerlässlich, einen Gesellschaftsvertrag zu machen. Wenn es um Geld oder Anteile geht oder um die Vision und Weiterentwicklung des gemeinsamen Unternehmens, werden aus Freundschaften nicht selten Feindschaften. Es ist ein grober Anfängerfehler, die Bedingungen der Zusammenarbeit und die Eigentumsverhältnisse nicht vertraglich festzuhalten. Wer nicht die gleiche Auffassung vom Umgang mit Geld, nicht die gleichen Prioritäten im Hinblick auf die unternehmerische Vision hat oder sich ein unterschiedliches persönliches Wertesystem herausstellt, ist eine erfolgreiche Zusammenarbeit ausgeschlossen. Die Wahl eines Co-Founders ist also von sehr großer Tragweite. Nicht wenige vergleichen diesen Zusammenschluss mit einer guten Ehe. Vertrauen, gemeinsame Werte, die gleichen Dinge zu lieben und die gleichen Dinge zu hassen, gemeinsamer Drive und Überzeugung sowie die gleiche Einstellung zu Geld sind die Zutaten, die bei einem Gründergespann menschlich stimmen müssen. Es braucht ein gemeinsames Ziel, aber auch eine gemeinsame Auffassung darüber, wie man es erreichen kann.

FINANZIERUNG: WIE UNABHÄNGIG MÖCHTEST DU SEIN?

Um Geld zu verdienen, muss man zunächst Geld investieren. Eine Unternehmensgründung kostet immer Geld. Zu Beginn musst du dich fragen: 1. *Wieviel* Geld brauche ich? 2. *Wofür genau* brauche ich das Geld? Und 3. Von *wem* möchte ich Geld nehmen?

Erst wenn du dir darüber klar geworden bist, kannst du vernünftige Wege zur Finanzierung deines Unternehmens finden. Generell ist es ratsam, das Business so weit es geht selbst zu finanzieren und zu starten, damit erste Umsätze gemacht und erste Kunden überzeugt werden können. Erst dann kannst du wissen, ob und wieviel Kapital benötigt wird. Für alle, die frei sein wollen, gilt: Je besser das Produkt, desto weniger Geld muss woanders herkommen. Fremdes Geld bedeutet *immer* neue Abhängigkeiten. Schulden zu machen, ist besonders dann keine gute Idee, wenn man noch kein laufendes Geschäft hat, das ein Darlehen in überschaubarer Zeit tilgen kann. Wer liquide ist, kann auch zur Bank gehen – Gründer jedoch haben oft kaum den finanziellen Hintergrund, der einen Banker den Sekt öffnen lässt. Um anzufangen, sollte man sich nicht verschulden, sondern zusehen, dass man mit möglichst wenig Kapital mög

> **JE BESSER DAS PRODUKT, DESTO WENIGER GELD MUSS WOANDERS HERKOMMEN. FREMDES GELD BEDEUTET *IMMER* NEUE ABHÄNGIGKEITEN.**

lichst viel erreicht. Niemals sollte man sein letztes Hemd für eine konfuse Geschäftsidee hergeben. Es hat überhaupt nichts kühnes, seine Finanzen mit einer schlecht durchdachten Businessidee zu ruinieren. Schon gar nicht, wenn man sein Vorhaben nicht einmal am Markt getestet hat. Vielleicht kann man in seinem Job bleiben, um die Lebenshaltungskosten zu erwirtschaften, vielleicht kann man einen Nebenjob finden, der das Leben finanziert. Oder man kann etwas ansparen, das man investieren kann, um loszulegen. Vielleicht kann man ein zinsloses Darlehen innerhalb der Familie organisieren oder vielleicht braucht man auch gar nicht so viel Geld? Überlege, was du heute tun kannst, damit dein Unternehmen morgen schon etwas realistischer geworden ist. Man sollte sich nicht auf die Finanzierung versteifen, sondern beginnen, an seinem Konzept zu arbeiten und seine Idee umzusetzen, während man noch angestellt ist. So lässt sich bereits Geld verdienen! Die beste Finanzierung ist ohnehin das Geld, das über das eigene Produkt eingenommen wird. Es ist nicht unbedingt nötig, mit einem Haufen Geld anzufangen. Es ist nötig, anzufangen, um zu sehen, ob man Geld verdienen kann. Wer ein tolles Produkt hat und auf Gewinnmaximierung verzichtet, kann eigenes Kapital bilden, ohne sich von Geldgebern abhängig zu machen.

ES IST NICHT UNBEDINGT NÖTIG, MIT EINEM HAUFEN GELD ANZUFANGEN. ES IST NÖTIG, ANZUFANGEN, UM ZU SEHEN, OB MAN GELD VERDIENEN KANN.

BOOTSTRAPPING: SEI DEIN EIGENER INVESTOR

Wenn du deine Unabhängigkeit behalten willst, ist die Eigenfinanzierung der offensichtliche Weg. Zur Eigenfinanzierung gehört es, den eigenen Lebensstandard wo es geht anzupassen und – anstatt in den eigenen Konsum und teure Freizeit – eine Zeit lang hauptsächlich in dein Unternehmen zu investieren. Je schneller du dein Produkt am Markt testest, desto besser. Der Verkauf über das Internet ermöglicht es, erste Umsätze zu machen, auch wenn ansonsten noch nicht alles so weit ist. Wenn das Produkt überzeugt, wird es auch Umsätze generieren und du kannst dein Business Schritt für Schritt aufbauen. Das ist der »Proof of Concept«, die wichtigste Bestätigung deines Geschäftsmodells. Die sogenannte »Bootstrapping-Methode«, also alles aus eigenen finanziellen Mitteln zu stemmen, ist die ehrlichste Art, in das Unternehmertum hineinzuwachsen. Aber auch eine vergleichsweise schwierige – denn sie verlangt volle Konzentration auf den Unternehmensaufbau und

DIE »BOOTSTRAPPING-METHODE«, ALSO ALLES AUS EIGENEN FINANZIELLEN MITTELN ZU STEMMEN, IST DIE EHRLICHSTE ART, IN DAS UNTERNEHMERTUM HINEINZUWACHSEN.

gleichzeitige Sparsamkeit im Hinblick auf die eigene Lebensführung. Je mehr du für deine Idee brennst, desto weniger schwer wird es dir fallen. Wir haben alle unsere Unternehmen auf diese Weise (vor)finanziert und dabei keinerlei Entbehrungen gespürt. Denn ein Unternehmen aufzubauen, ist eine wahnsinnig spannende Aufgabe! Dazu haben wir anfangs Geld mit Designjobs dazuverdient und auch andere Brotjobs zur Quersubventionierung und als Mittel zum Zweck benutzt. So konnten wir leben und waren in der Lage, das benötigte Startkapital selbst zu erwirtschaften. Wir haben nicht mehr als einen kleinen vierstelligen Betrag gebraucht, um »supercraft« umzusetzen. Manche geben das, was wir für den Start unseres heute umsatzstärksten Unternehmens ausgegeben haben, für einen einzigen Sommerurlaub aus. »Prioritäten« ist hier das Stichwort.

Aus unserer Erfahrung ist die beste Art, ein Unternehmen zu finanzieren, die Eigenfinanzierung. Denn es zwingt dich, dein Konzept unerbittlich zu perfektionieren und sparsam zu sein, und es lässt dir die größten unternehmerischen Freiheiten.

Hier geht es um dich und daher musst du selbst wissen, wohin deine Reise gehen soll. Trotzdem darf man nicht vergessen: Die Risiken, deine Idee den Bach runtergehen zu sehen, ist mit sehr viel (fremdem) Geld deutlich höher, als mit wenig eigenem Geld. Denn sobald du Investoren hast, hast du keine Zeit mehr. Das »Bootstrappen« lehrt dich den klugen Umgang mit Geld, schließlich ist es knapp und schließlich ist es dein eigenes! Und auch wenn du planst, Investoren zu überzeugen, musst du ihnen ein funktionierendes Geschäftsmodell präsentieren, das bereits Umsätze macht. Niemand investiert in eine bloße Idee ohne konkrete Zahlen. Der Beginn mit eigenen Mitteln ist also der beste Start ins Unternehmertum.

VORTEILE: Absolute unternehmerische Freiheit und die Möglichkeit, alles zu lernen, was man als Unternehmer später dringend braucht: Sparsamkeit, Fokus auf das Produkt und den Kunden und das Ausspielen unternehmerischer Stärken. Kontrolle über das eigene Schicksal.

NACHTEILE: Langsame Entwicklungsschritte, Investition von Ressourcen wie Geld und Zeit in das eigene Unternehmen, die man sonst in seine Freizeit investiert hätte.

CROWDFUNDING

Was aber wenn man weder mehr sparen kann noch eigenes Geld übrig hat, um es zu investieren? Auch dann gibt es Mittel und Wege! Vielleicht ist eine Variante der Schwarmfinanzierung das Richtige für dich. Crowdfunding bietet sich immer dann an, wenn man entweder eine so geniale Idee hat, dass sie sicher einschlagen und von Presse und anderen Influencern (Blogger, Twitter-Größen und allen, die eine bestimmte Öffentlichkeit genießen) aufgegriffen wird, oder wenn man selbst bereits über eine große Gefolgschaft verfügt und genügend Social-Media-Power besitzt. Denn Crowdfunding bedeutet viel Öffentlichkeitsarbeit und Engagement, damit alle kräftig die Werbetrommel für die Kampagne mitrühren. Was du brauchst, ist Reichweite, um dein Fundinglimit zu erreichen. Es gibt verschiedene Plattformen, über die man seine Crowdfunding-Kampagne organisieren kann (siehe Ressourcenliste). Du startest eine Kampagne, indem du ein aussagekräftiges Profil auf deiner gewählten Crowdfunding-Plattform erstellst. Du musst ein professionelles, möglichst originelles »Pitch-Video« erstellen, in dem du deine Projektidee oder dein Geschäftsmodell vorstellst und die Vorzüge unmissverständlich darstellst, sodass Unterstützer genau wissen, in welche Idee sie investieren. Je nachdem, ob du Firmenanteile veräußerst (»Stille Beteiligungen«, für Crowdinvestments gibt es einige rechtliche Bestimmungen)[9] oder Rewards (»Dankeschöns«[10]) bereitstellst, musst du festlegen, welche Art der Anerkennung du für ein Investment in verschiedenen Höhen anzubieten hast. Je interessanter diese Rewards, desto besser. Du legst eine Fundingschwelle fest, also einen Betrag der mindestens zustande kommen muss, damit dein Projekt umgesetzt werden kann, und ein Fundingziel – dein Traumbetrag für die Umsetzung deines Projektes. Innerhalb eines festgelegten Zeitraums musst du nun viele einzelne private Investoren überzeugen. Je origineller dein Pitch und je mehr Reichweite du hast, desto besser wird es dir gelingen. Wichtig ist, dass du deinen Unterstützern ganz genau erklären kannst, was du vorhast und wofür du ihr Geld benötigst. Je plausibler, desto besser. Wenn dein Unternehmen scheitert, gehen die Privatinvestoren leer aus, es handelt sich um Risikokapital, dessen sind sich deine Unterstützer bewusst. Wenn deine Kampagne die Fundingschwelle nicht erreicht, werden bereits gezahlte Beträge wieder erstattet und es ist so, als wäre nichts passiert.

Normalerweise investiert niemand in eine bloße Idee. Aber das Crowdfunding beinhaltet, dass man seine Kundschaft schon vor Markteintritt überzeugen muss, sich für das Projekt zumindest zu interessieren, Fan zu werden und im besten Fall sogar in ein Konzept zu investieren, das noch nicht realisiert wurde. Allein die Idee muss überzeugen. Wer das schafft, hat mit dem Crowdfunding einen sehr guten Test, ob das Konzept auch auf dem freien Markt eine Chance hat. Bestenfalls hat man sich seine zukünftige Kundschaft schon über die Finanzierung an Board geholt.

Aber: Eine geglückte Crowdfunding-Kampagne macht noch kein nachhaltig profitables Unternehmen. In der Vergangenheit gab es einige sehr vielversprechende Projekte, die fulminante Crowdfunding-Erfolge feiern konnten, teilweise mehrere Hunderttausend Euro einsammelten und trotzdem nach kurzer Zeit insolvent waren. Zu einem nachhaltig profitablen Unternehmenskonzept gehört eben viel mehr als nur die Kapitalbeschaffung. Das Crowdfunding gehört zu den interessanten Finanzierungsmodellen, weil es die unternehmerische Freiheit nicht beschneidet und das Risiko für die Gründer sehr gering ist. Es eignet sich gut, um gezielte Kampagnen zu fahren, also immer dann, wenn man Geld für eine spezielle Produktentwicklung benötigt. Nicht unbedingt, wenn man das ganze Unternehmen auf diese Art auf die Beine stellen will. Der unbezahlbare Lerneffekt des Bootstrappings fehlt: Sparsamkeit zu lernen und dabei das Geschäftsmodell auf das Wesentliche zu verfeinern. Beim Crowdfunding – und erst recht, wenn es gut läuft – kann es schnell passieren, dass man durch den Zuspruch annimmt, das unvollkommene Konzept sei schon perfekt. Die Ernüchterung kommt erst, wenn das eingesammelte Geld ausgegeben ist, um das Produkt umzusetzen, aber keine neuen Kunden gewonnen werden konnten. Selten sind Unternehmen nach erfolgreicher Schwarmfinanzierung von sich aus in der Lage, nachhaltig Gewinne zu erwirtschaften, sodass schnell erneute Finanzierungsrunden nötig werden.

EINE GEGLÜCKTE CROWDFUNDING-KAMPAGNE MACHT NOCH KEIN NACHHALTIG PROFITABLES UNTERNEHMEN.

»Proof of Concept« schon bevor das Produkt am Markt ist, minimales persönliches Risiko, unternehmerische Freiheit bleibt erhalten, erste Kunden.

Eine geglückte Kampagne bedeutet nicht, dass ein nachhaltiges Geschäftsmodell vorliegt, sehr zeitintensiv, abhängig von Reichweite und Unterstützern.

FÖRDERBANKEN, DARLEHEN, STAATLICHE FÖRDERMITTEL

Es existieren zahlreiche Programme von Förderbanken und es gibt Darlehen und Online-Kredite, die als Finanzierung von Unternehmensträumen herangezogen werden können (siehe Ressourcenliste). Das Suchen und Finden einer geeigneten Finanzierung kann viel Zeit in Anspruch nehmen. Zeit, die nicht mit der Weiterentwicklung des Unternehmens verbracht wird. Daher ein Wort zur Achtsamkeit. Fördergelder helfen nicht bei der Geschäftstüchtigkeit. Wer sich von Fördertopf zu Fördertopf hangelt, ist mehr mit der Suche nach Fördermaßnahmen und komplizierten Antragstellungen beschäftigt, als damit, sein Unternehmen auf eigene Beine zu stellen. Wer sich als Gründer als erstes auf die Suche nach Fördermitteln macht, denkt nicht wie ein Unternehmer. Das klingt hart, aber anstatt sich über sein Produkt Gedanken zu machen und anzufangen, eigenes Geld zu verdienen, sich auf Formulare, Anträge und Behörden zu konzentrieren, spricht nicht für das Mindset eines Entrepreneurs.[11] Auch wenn dir möglicherweise öffentliche Gelder für deine Gründung zustehen, konzentriere dich von Anfang an darauf, dass sich dein Geschäftsmodell auch ohne Subventionen trägt.

GELD VOM ARBEITSAMT

Anträge auf staatliche Förderung müssen gestellt werden, *bevor* die unternehmerische Tätigkeit aufgenommen wurde – eine unsinnige Reihenfolge (da kein Proof of Concept vorliegen kann), aber in der Logik der Behörde nun einmal notwendig. Das Beziehen von Arbeitslosengeld (ALG 1) ist Voraussetzung um einen Gründungszuschuss bei der Agentur für Arbeit beantragen zu können. Du musst also aus der Festanstellung heraus arbeitslos geworden sein und für mindestens einen Tag ALG 1 beziehen. Es ist für den Zuschuss nicht erlaubt, erst nach Ausschöpfung des Arbeitslosengeldes gründen zu wollen, denn Voraussetzung ist auch, dass der Anspruch auf die Leistung ALG 1 noch mindestens 150 Tage beträgt.[12] Die Höhe des Zuschusses bemisst sich nach der Höhe des Arbeitslosengeldes. Ob dir ein Gründungszuschuss durch das Arbeitsamt zusteht, muss in einem persönlichen Gespräch ermittelt werden.[13] Der positive Bescheid über die Förderung liegt im Ermessen des jeweiligen Sachbearbeiters, der, je nachdem, wie überzeugend du und dein Businessplan sind, entscheiden wird. Die Tragfähigkeit deines Businessplans muss vorab von einer sogenannten fachkundigen Stelle positiv beurteilt werden. Die Förderung aus der Arbeitslosigkeit heraus ist gut gemeint, hilft aber nur wenigen, ein wirklich funktionierendes Geschäft aufzubauen. Sie deckt im besten Fall ein Dreivierteljahr die Lebenshaltungskosten und hilft zum Start bei der sozialen Absicherung. Leider haben auch die zughörigen Beratungsangebote nicht immer den gewünschten Effekt. Das Arbeitsamt ist dazu da, Arbeit zu vermitteln, nicht Gründer zu unterstützen, und könnte bei entsprechender Qualifizierung wenig Verständnis dafür haben, dass du Unternehmer sein möchtest, wenn du doch ebenso in irgendeinen Job vermittelt werden könntest.

GELD VON DER BANK

Wer sich in der Lage sieht, ein Darlehen tilgen zu können und sich durch einen langfristigen Rückzahlungsprozess nicht belastet fühlt, könnte über die Angebote von Förderbanken einen geeigneten Weg zur Start- und Unternehmensfinanzierung finden. Förderbanken vergeben Darlehen, die man über seine Hausbank beantragen muss. Die größte bundesweite Förderbank, die Kreditanstalt für Wiederaufbau (KfW), ist manchen vielleicht als Kreditbank für die Finanzierung der eigenen Ausbildung bekannt. Über die KfW werden die staatlichen Kreditförderprogramme abgewickelt, sie vergibt Bildungskredite und auch Fördermittel für Existenzgründer und Selbstständige. Und das in Form von langfristig zinsgünstigen Darlehen, Beteiligungskapital und Beratungsangeboten. Die Angebote sind vielfältig und auch zu unterschiedlichen Zeitpunkten möglich, etwa als klassisches Startkapital oder Investitionskapital eines bereits bestehenden Geschäftsbetriebs.[14] Neben der bundesweiten Förderbank KfW, gibt es auch regionale Förderbanken. Wer Geld von der Förderbank bekommt, hängt zum Beispiel davon ab, ob die Hausbank mitspielt, der Businessplan überzeugt und die ausreichende Kreditwürdigkeit festgestellt wird. Ein persönliches Beratungsgespräch ist in jedem Fall sinnvoll. Wenn die Hausbank ablehnt, kommt eventuell noch ein Online-Kredit[15] infrage, was mit einer ausführlichen Recherche seriöser Anbieter einhergehen sollte!

VORTEILE: Unternehmerische Freiheit bleibt gewahrt. Niedrige Zinsen und lange Rückzahlungsfristen. Kreditvergabe möglich, auch wenn man selbst über geringe Sicherheiten verfügt.

NACHTEILE: Frühzeitige Planung erforderlich, ein Antrag muss meist gestellt werden, bevor das Unternehmen gegründet oder der Geschäftsbetrieb ausgebaut wird, hoher Bürokratieaufwand abseits unternehmerischer Tätigkeit, ein Darlehen bleibt ein Darlehen und geht mit Schulden einher.

WAGNISKAPITAL

Der Titel dieses Buches ist *Frei sein statt frei haben*. Finanzierungsmodelle, die auf Investoren (ausgenommen Crowdfunding) bauen, sind mit diesem Anspruch nicht vereinbar und ohnehin nur für stark wachstumsorientierte Gründer interessant. Sowohl mit dem Geld von einem Business Angel als auch mit dem Geld aus Venture-Capital-Gesellschaften bedeutet es, Gewinne maximieren zu müssen und dafür auf eine gehörige Portion Freiheit zu verzichten. Dafür kann aber vom Know-how und vom Netzwerk der Investoren stark profitiert werden. Der Weg über Investoren ist nur relevant, wenn man mit dem Verkauf von Anteilen des Unternehmens einverstanden und sich darüber im Klaren ist, dass die Investoren irgendwann mit saftiger Rendite aussteigen wollen (Exit). Je nachdem, wie geschickt du verhandeln kannst, nehmen Investoren viel oder sehr viel Einfluss auf deine Unternehmensführung.[16] Es ist also vorbei mit der unternehmerischen Freiheit, bevor sie überhaupt angefangen hat. Bei dem Weg zur Vertragsunterzeichnung mit Investoren sollte sich also jeder Gründer darüber im Klaren sein: Wer Geld von Investoren annimmt, entscheidet sich dazu, ein Baustein in dem Gefüge von bestehenden Wirtschaftspraktiken und Gewinnmaximierung zu sein. Ein Unternehmen zu gründen bedeutet nicht automatisch, frei zu sein oder nicht weisungsgebunden. Grundsätzlich musst du dich entscheiden: Willst du ein Start-up gründen, oder ein unabhängiges Unternehmen aufbauen? Etwas polemisch könnte man sagen: Die Mentalität, Start-ups zu gründen, anstatt autarke Unternehmen zu gestalten, zeigt, wie selbstverständlich die Fernsteuerung auch unter Gründern ist. Warum sonst sollte man schon bei Unterneh-

GRUNDSÄTZLICH MUSST DU DICH ENTSCHEIDEN: WILLST DU EIN START-UP GRÜNDEN, ODER EIN UNABHÄNGIGES UNTERNEHMEN AUFBAUEN?

mensgründung wieder jemanden anderen zum Chef machen, anstatt eigenes Geld auf die eigene Weise zu verdienen? Warum fremdbestimmt ein Unternehmen aufbauen, wenn man doch gerade aus der Fremdbestimmung geflohen ist?

Am besten, du gründest nicht mit dem Gedanken, ein Start-up aufziehen zu wollen – selbst wenn du Geldgeber benötigst. Denn es ist besser, ein Unternehmen zu planen, das auf niemanden angewiesen ist, als ein Start-up, das sich nicht in erster Linie mit dem Geldverdienen beschäftigen muss. Der beste Moment, Geld aufzunehmen, ist, wenn das Business gute Umsätze macht und wenn für den schnelleren Ausbau weitere Beträge notwendig werden, etwa für die Entwicklung von Vertriebsstrukturen, Software, Marketing, etc. Der schlechteste Moment, Geld aufzunehmen, ist, wenn das Geschäft nicht läuft und nicht klar ist, wie der Betrieb ohne eine Finanzspritze aufrechterhalten werden soll. In einem solchen Fall wird nicht der Gang zum Investor oder zur Bank nötig, sondern der Gang an den Schreibtisch, um das Geschäftsmodell zu verbessern.

> **DER SCHLECHTESTE MOMENT, GELD AUFZUNEHMEN, IST, WENN DAS GESCHÄFT NICHT LÄUFT UND NICHT KLAR IST, WIE DER BETRIEB OHNE EINE FINANZSPRITZE AUFRECHTERHALTEN WERDEN SOLL.**

Die einzige Frage, die Risikokapitalgeber interessiert, ist: Wie groß ist das Wachstumspotenzial deines Unternehmens? Sofern du als Gründer überzeugend bist und dir Erfolg zugetraut wird, geht es für dich nur noch um das Eine: Wachstum. Jeder, der die VOX-Sendung *Die Höhle der Löwen* schon einmal gesehen hat, kennt das magische Wort aller Investoren: »Skalierung«. Dein Business muss »skalierbar« sein, am besten unendlich. Und es muss schnell gehen. Daher sind vor allem technologiebasierte Unternehmen für Investoren von großer Relevanz. Sie sind stark skalierbar, haben aber, um groß und leistungsstark zu werden, oft hohe Entwicklungskosten. Wer Wagniskapital aufnimmt, wird vom Gründer und Inhaber zum angestellten Teilinhaber und CEO[17], denn er verkauft Firmenanteile für Wachstumsunterstützung. Zu seiner Hauptbeschäftigung wird es, Reportings zu erstellen, zu skalieren und die nächste Finanzierungsrunde zu sichern, anstatt sich hauptsächlich mit der Weiterentwicklung des Produkts und den eigenen Ideen zu beschäftigen. Wer Geld von Investoren nimmt, verliert Einfluss. Venture Capital ist immer eine Investition in deine Chef-Potenziale. Die Investoren wollen ihr Geld nicht nur wiederhaben, sondern Gewinne machen.

Nicht wenige Start-ups scheitern – nicht, weil ihre Idee schlecht war, sondern letztlich an den Renditevorstellungen der Geldgeber. Ihre Gründer haben keine Zeit mehr für sich, für ihr Produkt oder für ihr Leben. Es geht nur noch um Gewinne. Aber wenn dein Konzept nicht unschlagbar ist, wird so starkes Wachstum nur mit sehr viel Geld machbar sein. Kein Investor wird ewig Geld in ein nicht an Fahrt aufnehmendes Geschäft pumpen – irgendwann könnte der Tag kommen, an dem Ziele nicht erreicht wurden, Leute wieder entlassen werden müssen und die nächste für den einfachen Erhalt des Tagesgeschäftes dringend benötigte Finanzierungsrunde fällig ist. Wenn das Business nicht skaliert, sondern eskaliert und kein weiterer Investor zur Seite springt, ist guter Rat teuer. Du hattest vielleicht eine tolle Geschäftsidee, aber deine Geldgeber ziehen den Stecker. Wir haben es mehrfach beobachtet. Teilweise bei guten Freunden. Kommt es dazu, ist es für die Gründer niederschmetternd. Da wir unsere Freiheit, unsere Arbeit und unser Produkt lieben und keine Lust haben, wieder ins Büro zu müssen, kam Venture Capital für uns nicht infrage. Aber das muss für dich nicht auch gelten. Welche Form der Finanzierung für dein Unternehmen die Richtige ist, musst du selbst wissen.

VORTEILE: Für skalierbare Projekte sind große Summen möglich, die schnelle Entwicklungssprünge zulassen. Fame and Glory!

NACHTEILE: Dein Geschäftsmodell muss (theoretisch) stark skalierbar sein und bereits zeigen, dass es profitabel sein kann, es werden meistens weitere Finanzierungsrunden notwendig, es werden teure Firmenanteile veräußert und du bist daher weder frei noch unabhängig, sondern angestellt in deiner eigenen Firma mit der Verpflichtung Ziele schnell erreichen zu müssen.

Egal, ob Förderbanken, Investoren oder private Geldgeber – es ist eine Illusion zu glauben, dass man seine Probleme los ist, wenn man Kapital eingesammelt hat. Man hat einfach nur andere Probleme. Schnell wachsen zu müssen, ist sicherlich eines der Schlimmsten. Natürlich gibt es Geschäftsmodelle, die viel Startkapital erforderlich machen. Das ist unbestritten. Aber man sollte sich über die Realitäten im Klaren sein, wenn man sich ein Projekt vornimmt, das viel Kapital benötigen wird. Entrepreneure kennzeichnen sich dadurch, dass sie aus nichts etwas machen können und eben nicht nur mit viel (fremdem) Geld. Es ist nicht gesagt, dass dein Unternehmen nicht einmal zu den besten gehört, auch ohne Wagniskapital aufzunehmen. Mit Investoren an Bord kann es schneller gehen, aber eine Finanzspritze ist keine Garantie für den Erfolg. Mit Geld kann man nicht alle Probleme lösen! Schon gar nicht das Problem eines nicht funktionierenden Geschäftskonzeptes.

GELD VERDIENEN

DEIN ANGEBOT

Viele Leute haben keine praktische Vorstellung davon, wie sie ohne Arbeitgeber Geld verdienen könnten. Als Angestellte brauchen wir uns kaum Gedanken darüber zu machen, wie sich unser Gehalt eigentlich erwirtschaftet. Als Unternehmer muss man es ganz genau wissen.

Unternehmer warten nicht darauf, dass sie engagiert oder beauftragt werden, sie schaffen eigenmächtig Angebote. Das Problem vieler Selbstständiger besteht darin, dass sie sich abhängig von Aufträgen machen. Aber auch das entspricht der alten Logik des Auserwähltwerdens. Du musst vollkommen wegkommen von dieser passiven Auftragshaltung. Auch wenn es in vielen Branchen durchaus noch üblich ist, von Aufträgen abhängig zu sein, muss der Unternehmer in dir wissen, wie er sich davon lösen kann. Du musst selbst aktiv sein und deutlich artikulieren können, was es bei dir gibt. Die Menschen wissen nicht, was sie alles bei dir bekommen können, wenn du nur darauf reagierst, was sie anfragen. Der Schlüssel liegt darin, aktiv Angebote zu schaffen und ein klares Portfolio von dir anzubieten, damit jeder versteht, wo deine Arbeit überall nützlich ist.

> **UNTERNEHMER WARTEN NICHT DARAUF, DASS SIE ENGAGIERT ODER BEAUFTRAGT WERDEN, SIE SCHAFFEN EIGENMÄCHTIG ANGEBOTE.**

Ein kreativer Unternehmer zeichnet sich durch seine originellen Angebote aus. Er muss ein Stück weiter gehen, als ein Freelancer, der seine professionelle Dienstleistung anbietet, dabei aber nicht zwingend innovativ sein muss. Das heißt: Als Fotograf darfst du nicht darauf warten, dass jemand ein Fotoshooting bei dir anfragt, und deine Homepage darf nicht einfach nur ein hübsches Portfolio deiner Fotografien sein. Du brauchst eigene Angebote, die deine Arbeit als Fotograf zur Geltung bringen. Vielleicht hochwertige Fotobücher für besondere Anlässe, für Babyfotos, Homestorys, was auch immer zu deiner Ausrichtung passt. Oder du vermietest gleichzeitig Locations für Foto-Shootings. Oder du gibst Fotografiekurse. Oder du erstellst Videokurse, in denen du Fotografiekniffe erklärst.

Das heißt: Als Grafikdesigner darfst du nicht darauf warten, dass jemand ein Logo bei dir anfragt. Du solltest eigene Ideen umsetzen und Produkte entwerfen. Natürlich ist das Internet inzwischen voll von brillanten Designern, die wunderhübsche Produkte anbieten. Hebe dich selbst aus der Masse heraus und überlege dir weitere Wege, um deinen Stil durchzusetzen und dein Angebot zu komplettieren. Vielleicht kannst du zusätzlich Photoshop-Kurse geben, oder Blog-Templates als Download anbieten. Vielleicht kannst du individuelle Designpakete anbieten, die man als Produkt in deinem Shop findet, anstatt nur all deine bisherigen Arbeiten als Referenzen im Portfolio zu zeigen. Gestaltung ist als Unternehmer dein Beruf, nutze also deine Kreativität!

Wenn der Künstler seine Arbeit getan hat, muss der Unternehmer die Möglichkeiten wahrnehmen, Geld zu verdienen. Du brauchst ein eigenes, kreatives Angebot, das du originell präsentierst. Es reicht nicht, ein Produkt im Schaufenster zu haben. Du musst aktiv und vielfältig zeigen, welchen Nutzen deine Arbeit in das Leben der Menschen bringt.

FÜR WEN MÖCHTEST DU ARBEITEN?

Genau wie bei der Jobsuche, musst du dich als Unternehmer fragen: »Für wen möchte ich arbeiten?« Nur, dass sich diese Frage nicht darauf bezieht, für welche Firma du arbeiten willst, sondern welche Menschen sich für dein Angebot begeistern sollen. Du kannst mit deinem Angebot nicht die ganze Welt glücklich machen. Leider. Du musst dich also auf eine Zielgruppe konzentrieren – Menschen aus Fleisch und Blut mit Leidenschaften, Träumen, Kreativität, mehr oder weniger Geld in der Tasche und ihrem ganz eigenen Alltag und Problemen. Und sie haben alle etwas gemeinsam: Sie möchten *verstanden* werden.

> **ES HÖRT SICH NACH EINER SELBST-VERSTÄNDLICHKEIT AN, ABER: ALS UNTERNEHMER MUSS MAN MENSCHEN MÖGEN.**

Deine Zielgruppe sollte aus Menschen bestehen, deren Verhaltensweisen und Probleme du verstehen kannst. Es hört sich nach einer Selbstverständlichkeit an, aber: Als Unternehmer muss man Menschen mögen. Du musst die Zielgruppe, für die du arbeitest, mögen und du musst es lieben, ihr Leben mit deinem Angebot zu verbessern. Wir möchten zum Beispiel gerne mit kreativen Menschen arbeiten. Wir lieben Menschen, die gerne etwas ausprobieren und selbermachen wollen. Experimentierfreudig, neugierig, kreativ und praktisch veranlagte Leute, die ihre eigenen Hände und Köpfe gebrauchen und selbst gestalten wollen. Das sind unsere Lieblingsmenschen. Und damit auch unsere Wunschkunden. Für sie arbeiten wir am liebsten, auch aus egoistischen Gründen: weil wir uns eine künstlerische, kreative und selbstständige Gesellschaft wünschen. Das hört sich so an, als würde man seine Zielgruppe unnötig verkleinern – aber hier ist die Erleuchtung: Wir tun, was wir tun, weil wir es gerne tun. Warum sollten wir unsere

Zeit nicht Menschen widmen, die wir mögen? Warum sollten wir ein Angebot schaffen, das nicht jene anspricht, die wir gut kennen und weiterbringen wollen? Was könnte schöner sein, als Menschen in ihrer eigenen Selbstverwirklichung ernst zu nehmen und zu unterstützen? Wir wünschen uns doch das Gleiche, daher verstehen wir es so gut. Wie sich herausstellt, macht diese Gruppe von Menschen so viele Personen aus, dass wir genug zu tun haben.

Wenn du die Menschen, denen du etwas verkaufen willst, nicht verstehst oder gar die ganze Branche unsympathisch findest, dann kannst du sie weder wirklich erreichen noch wirst du gerne ständig etwas für sie tun. Kunden sind zurecht anspruchsvoll; sie können nicht nur erwarten, dass du Sorge für die Qualität deines Angebots, sondern auch für eine problemlose und faire Abwicklung trägst. Die Kommunikation mit deinen Kunden hört nicht auf, wenn sie deine Waren bezahlt haben, und die Beziehung endet nicht mit dem Warenversand. Du hast es mit Menschen zu tun, die bei jedem Kauf für das Überleben deines Unternehmens stimmen[18] und dir einen Vorschuss an Vertrauen geben. Wenn keine Sympathie herrscht und dein Angebot nicht hält, was es verspricht, bekommst du keine dritte oder vierte Chance. Die Beziehung zum Kunden ist die wichtigste Beziehung, die du als Unternehmer pflegen musst. Tatsächlich macht die Arbeit *für* die Menschen und die Resonanz vom Kunden den größten Anteil daran aus, warum Unternehmertum so erfüllend ist.

AUFGABE

Überlege dir genau, was für Menschen deine Zielgruppe ausmachen und für wen du an die Arbeit gehen willst.

Studiere die Verhaltensweisen von diesen Menschen und beantworte die Frage: Was brauchen sie? Was wünschen sie sich?

MEHR ALS EINE EINNAHMEQUELLE

Die alles entscheidende Frage ist: Womit wirst du dein Geld verdienen? Wie Jason Fried und David Heinemeier Hansson in ihrem Buch *Rework* so schön formulieren: »Ein Unternehmen ohne Aussicht auf Gewinn ist kein Unternehmen, sondern ein Hobby«.[19]

Geld sollte dir nicht egal sein, denn es ist das Gestaltungsmittel für deine Unabhängigkeit. Du solltest es aber auch nicht überbewerten, denn auch ein Haufen Geld kann ein inhaltsloses Arbeitsleben nicht mit Sinn erfüllen. Für die Selbstständigkeit, die ohne garantierte Gehaltsabrechnung daherkommt, ist dein Einkommen an deine Geschäftstüchtigkeit gekoppelt. Das heißt nicht, wer am meisten schuftet verdient am meisten Geld! Es bedeutet, wer das beste Geschäftskonzept hat, genießt die größten Freiheiten. Kreativ ist ein Business dann, wenn du deine Stärken vielfältig zum Tragen bringen kannst. Für jedes Geschäft ist es ratsam, sich nicht nur auf die offensichtliche Einnahmequelle zu konzentrieren, sondern verschiedene Möglichkeiten wahrzunehmen und alle Wege zu nutzen, Einnahmen zu generieren. Du musst ein Gespür dafür entwickeln, was du für die Leute da draußen tun kannst. Zudem ist es wichtig, nicht nur ein, sondern mehrere Standbeine zu haben. Auf nur eine Einkommensquelle sollte man sich nicht verlassen. Die weiteren Einnahmequellen müssen inhaltlich nicht etwas ganz anderes oder sehr zeitaufwändiges sein. Aber gestalte dir dein Unternehmerleben vielfältig! Erlaube dem Künstler in dir, seine ganze Bandbreite zu zeigen! Als Angestellter ist man häufig

> **LASS NICHTS VON DEINER ARBEIT LINKS LIEGEN. LASS KEINES DEINER TALENTE UNGENUTZT. DIE SUMME DEINER TALENTE UND FÄHIGKEITEN WIRD IN DEINEM UNTERNEHMEN GEBRAUCHT.**

auf nur einen Tätigkeitsbereich festgelegt. Als Künstler und Unternehmer hast du mehr Möglichkeiten! In jedem Unternehmen entstehen Nebenprodukte, die zur Einnahmequelle werden können. Darauf haben schon Jason Fried und David Heinemeier Hansson hingewiesen.[20] Lass nichts von deiner Arbeit links liegen. Lass keines deiner Talente ungenutzt. Die Summe deiner Talente und Fähigkeiten wird in deinem Unternehmen gebraucht. Unsere Bücher sind Nebenprodukte unserer Arbeit als Unternehmerinnen. Ein anderes Nebenprodukt ist sogar zu einem eigenständigen Unternehmen geworden: Lemon Books. Wir brauchten eigentlich nur geeignete Notizhefte, um sie einem supercraft-Kit beizulegen. Nur mussten wir feststellen, dass es nirgendwo welche gab, die unseren Vorstellungen entsprachen. Also haben wir sie selbst gestaltet und herstellen lassen. Und weil sie so schön sind und alle welche haben wollten, kann jetzt jeder eigene Lemon Books gestalten und bei uns herstellen lassen. In der Kunst ist es schon seit der Renaissance üblich, Portfolios von seiner Arbeit zu erstellen um eine Bandbreite der eigenen Talente und Entwicklung abzubilden. Auch als Unternehmer musst du deine Arbeit, genau wie ein Künstler, als Portfolio verstehen. Je besser du deine Talente ausnutzen kannst und je mehr du von ihnen zeigst, desto besser!

AUFGABE

Überleg dir, wie dein Geschäftskonzept mehrere Einnahmequellen beinhalten kann und verschiedene Standbeine möglich werden.

ETWAS VON BEDEUTUNG SCHAFFEN

Eine Firma zu gründen, ist einfach. Schwer dagegen ist es, sowohl den Künstler als auch den Unternehmer in sich selbst in die Verantwortung zu nehmen, anstatt ein ganzes Arbeitsleben lang immer andere Chef sein zu lassen. Sehr schwer ist es, etwas von Bedeutung zu schaffen. Die besten Ideen zeichnen sich dadurch aus, dass sie einfach sind. Die besten Produkte lösen etwas in uns aus und verändern die Art und Weise, wie wir die Welt erleben und was wir selbst daraus machen können. Gute Produkte müssen etwas schenken, das man mit Geld nicht kaufen kann. Unsere DIY-Kits von »supercraft« sind für viele mehr als eine Bastelbox. Sie schenken Zeit und liefern Zubehör und Projekte für das eigene kreative Hobby. Sie erinnern regelmäßig daran, es nicht zu vernachlässigen. Sie geben die Erlaubnis, sich Zeit für sich selbst zu nehmen. Sie liefern die Bestätigung, dass man selbst kreativ ist. Die Vorfreude auf das nächste Kit ist Teil des Erlebnisses. Nichts ist schöner als die Vorfreude. All das sind Elemente, die ein Produkt zu einer originellen Gesamtkomposition machen, die dem Kunden mehr gibt als er mit seinem Geld bezahlt. Und das ist die Herausforderung bei der Umsetzung von Produkten, die Menschen lieben. Die Erwartungen sind hoch, es ist nicht einfach, niemanden zu enttäuschen. Wahrscheinlich ist es auch eine Überschätzung, davon auszugehen, dass man überhaupt Produkte schaffen könnte, die tatsächlich von Bedeutung sind. Aber wer entscheidet, welches Produkt wirklich bedeutend ist? Und für wen überhaupt? Für die ganze Welt? Tatsächlich ist es so, dass der Kunde selbst entscheidet, was Bedeutung für ihn hat. Für den Rest der Welt kann es durchaus banal sein. Niemand

GUTE PRODUKTE MÜSSEN ETWAS SCHENKEN, DAS MAN MIT GELD NICHT KAUFEN KANN.

verlangt von dir, dass du die Welt mit deinem Business rettest. Aber für deinen Kunden muss das Resultat deiner Arbeit bedeutungsvoll sein. Mach ihm die Entscheidung leicht. Es wird leichter für ihn, wenn er persönlich eingebunden wird. Produkte, die man selbst gestaltet, bekommen immer eine persönliche Bedeutung. Wir erleben derzeit Individualisierung als Megatrend. Produkte zum Fertigbauen in IKEA-Manier, individualisierbare Turnschuhe, Möbel, Fertighäuser und vieles mehr. Indem der Kunde in den Gestaltungsprozess eingebunden wird, wird es ihm leicht gemacht, einem Angebot persönliche Bedeutung zu geben. Über die Design-Plattform »Nike ID« kann sich jeder Nike-Turnschuhe individualisieren, in Zukunft könnte es sogar möglich werden, sich ganz eigene Nikes mit dem 3D-Drucker zu Hause oder in einem Nike Store in der Nähe selbst herzustellen.[21] Sneaker sind Kult, individuelle Modelle der Lieblingsmarke haben eine große Bedeutung für den Träger. Die Erfahrung, dass Individualität den Leuten Spaß macht, konnten wir auch in unseren kleinen Unternehmen feststellen. Bei »Lemon Books« können Notizhefte mit persönlichen Bildern, Sprüchen und Inhalten gestaltet werden. Eigene Notizhefte mit persönlich bedeutsamem Inhalt? Viel besser als ein Notizheft mit beliebigem Motiv. Aus jedem »supercraft«-Kit entsteht ein vollkommen selbstgemachtes Produkt. Es gibt dem Kunden die Chance, stolz auf sich zu sein, etwas Neues zu lernen und sagen zu können: Das hab ich selbst gemacht! Meine Arbeit und meine Leidenschaft stecken darin! Eigentlich unbezahlbar.

Am Ende zählt nicht, welche Bedeutung dein Angebot für dich oder die Welt hat, oder welche Bedeutung du dir für dein Produkt wünschst. Wichtig ist, welche Bedeutung der Kunde deinem Angebot geben kann. Mach es ihm so leicht wie möglich, sich mit deinem An-

KONZENTRIERE DICH AUF DIE ELEMENTE, DIE DEINE PRODUKTE ERLEBBAR MACHEN. DAS IST EINE DEINER AUFGABEN ALS KREATIVER UNTERNEHMER.

gebot zu identifizieren. Konzentriere dich auf die Elemente, die deine Angebote erlebbar machen. Das ist eine deiner Aufgaben als kreativer Unternehmer. Um dauerhaft im Geschäft zu bleiben, musst du etwas anbieten, das mit Geld nicht zu bezahlen ist. Du musst nicht gleich die ganze Welt verbessern. Aber du musst die Welt deiner Zielgruppe verbessern.

AUFGABE

Wie kannst du deinen Kunden in dein Unternehmen einbeziehen? Wie kannst du dein Angebot erlebbar machen? Was willst du in deinem Kunden auslösen?

PREISE UND WERTE

Die Preiskalkulation ist etwas, womit viele hadern. Sie beginnt bereits beim Einkaufen der Rohstoffe und endet beim Hinzurechnen der eigenen Arbeitszeit. Nicht nur als Konsument hat man oft den Eindruck, alles sei zu teuer. Der Eindruck ist kein falscher, die meisten Preise sind Fantasiepreise und kommen zustande, weil in der Wertschöpfungskette unnötig viele mitverdienen. Wie kommt man nun zu einer vernünftigen Preiskalkulation? Man kann das nüchtern herleiten: Es ist immer eine Mischung aus dem, was man selbst ausgeben (Einkaufspreis und Produktion), selbst hinzufügen (eigene Arbeitszeit) und im Unternehmen verbrauchen muss (Gehälter, Mieten und andere Verbrauchskosten), und dem, was der Kunde als Kaufpreis (Marktpreis) akzeptieren wird. Man muss sich darüber klar werden, wieviel an den Fiskus abgetreten werden muss (ggf. 19 % Umsatzsteuer) und ob etwaige Versandkosten aufgeschlagen oder einkalkuliert werden müssen. Außerdem muss ein Spielraum für Rabatte gegeben sein. Das hört sich ziemlich kompliziert an, aber wenn du dir das Ganze einmal

Schritt für Schritt ansiehst, ist es gar nicht so schwierig: Das erste, was man sich anschauen sollte, um ein preiswertes Angebot machen zu können, ist ein preiswerter Einkauf beziehungsweise eine preiswerte Herstellung. Deine Waren sollten nicht teuer und auch nicht billig sein, sondern *preiswert*. Dazu musst du dir überlegen, wie du unnötigen Zwischenhandel und Mitverdiener ausschaltest. Du kannst nicht preiswert sein, wenn noch zwei, drei oder viele andere Händler zwischendurch mitverdienen. Wie kannst du deinen Rohstoff direkt beziehen? Also nicht vom Großhändler, sondern direkt vom Hersteller? Kannst du vielleicht sogar selbst Hersteller werden? Oder Importeur? Was kannst du selbst machen? Was professionell auslagern? Es lohnt sich, diese Dinge zu recherchieren, auch wenn man zunächst glaubt, selbst herzustellen oder zu importieren wäre unmöglich. Es gilt, sich mit den tatsächlichen Möglichkeiten vertraut zu machen, anstatt auf die eigene Unwissenheit zu verlassen. Die meisten Dinge, von denen man glaubt, sie seien unmöglich, sind am Ende gar nicht so schwer.

Ein Anfängerfehler ist es, die eigene Arbeitszeit und die Verbrauchskosten im Unternehmen nicht in die Preiskalkulation einzubeziehen. Nur weil man etwas gerne tut, darf man nicht vergessen, das die eigenen Preise auch die eigenen Gehälter erwirtschaften müssen. Du musst dich also angemessen bezahlen lassen von deinem Produkt. Die Preise deiner Angebote müssen nicht nur deine Kosten decken, sondern auch deine Arbeit honorieren.

Bei Preisen ist es klug, ein Spektrum abzubilden: ein günstiges Preissegment, ein mittleres und ein höheres. Letztlich sind auch Preise eine Frage der Wahrnehmung. Das Produkt, von dem du dir den stärksten Absatz erwartest, sollte sich im mittleren Preissegment befinden.

DIE BASIS, AUF DER DU KUNDEN ÜBERZEUGEN MUSST, IST DER *WERT* DEINER WARE. NICHT DER PREIS.

Aus psychologischer Sicht greifen viele eher zum mittleren Preis. Das Günstigste ist vielleicht so günstig, dass der Kunde bereit ist, etwas mehr auszugeben. Der höchste Preis ist aber doch etwas zu teuer. Das mittelpreisige Produkt erscheint perfekt. Attraktiv sind auch Angebote, die auf die persönlichen Bedürfnisse angepasst erscheinen. Softwarepakete werden häufig auf spezielle Bedürfnisse hin angeboten. Man kennt das beispielsweise von Adobe Software oder von Mobilfunktarifen.

Es gehört zu den einfachen Wahrheiten des Unternehmertums, dass einige Kunden dein Angebot stets zu teuer finden werden. Das lässt sich nicht vermeiden. Da draußen gibt es Angebote für jedes Portemonnaie, aber du musst preislich nicht jeden ansprechen. Über den Preis entsteht eine gewisse »Regulierung« der Kundschaft. Du willst hauptsächlich deine Zielgruppe erreichen, nicht jeden, dem dein Angebot eigentlich zu teuer ist. Die zu erreichen, die man ansprechen will, ist schon schwierig genug. Es hört sich etwas vermessen an, aber du darfst dich nicht in eine Diktatur der Preise begeben. Nicht von deinen Wettbewerbern ausgehend und auch nicht von deinen Kunden ausgehend. »Zu teuer« ist ein Feedback, das du dir zu Herzen nehmen musst, wenn dein Angebot sein Versprechen nicht halten kann. Aber nicht, wenn jemand es sich nicht leisten will oder dich unter Druck setzen möchte.

Wenn du zu einer stimmigen Preiskalkulation gekommen bist, ist es wichtig, dass du zu deinen Preisen stehst. Nachträgliche Anpassungen nach oben sind immer sehr schwierig. Du musst es dem Kunden wie immer so leicht wie möglich machen, zu entscheiden, ob der Kauf ihm sein Geld wert ist. Dabei spielt der tatsächliche Preis gar keine so große Rolle. Die Basis, auf der du Kunden überzeugen musst, ist der *Wert* deiner Ware. Nicht der Preis. Kunden, denen dein Angebot ihr Geld *wert* ist, sind die, die du schätzen und honorieren solltest. Sie sind die Menschen, die dein Unternehmen finanzieren und für die du täglich an die Arbeit gehst.

KOMMUNIZIEREN UND SICHTBAR SEIN

»No matter what you do, your job is
to tell your story.«

Gary Vaynerchuk

HABE EINE HALTUNG

Stell dir vor, du wirst von den Veranstaltern einer wichtigen Konferenz eingeladen, die Key-Note zu halten. Was ist dein Thema? Was würdest du allen sagen, wenn du die Chance dazu hast? Deinen Beweggrund, deine Kunst, dein Angebot kommunizieren zu können, ist für dich als kreativen Unternehmer von besonderer Wichtigkeit. Der Künstler in dir will sich ausdrücken, er fragt nicht, was andere hören wollen, er fragt: Was hab ich zu sagen?[22] Zu sagen, was man zu sagen hat, erfordert Mut, denn es wird uns in der Welt des Angestelltseins systematisch abgewöhnt. Eine eigene Meinung zu haben und eine starke Haltung zu transportieren, kann dort bekanntlich sogar nachteilig sein. Nicht so in der Selbstständigkeit. Um heute selbstständig erfolgreich zu bleiben, ist ein eigener Kopf eine wichtige Voraussetzung. Wir senden mit unseren Unternehmen konsequent eine Botschaft: »Mach mehr selbst!« Work is not a job! Du bist nicht dein Job, du bist Unternehmer und Künstler, mach was daraus! Das ist unsere Message, und Menschen, die sich davon angesprochen fühlen, kaufen unsere Produkte. Es ist eine starke Haltung, die inspirieren kann, aber auch herausfordert, und es ist im Prinzip die Botschaft, die wir selbst auch hören wollen, um uns ständig weiterzuentwickeln.

Dein Produkt und dein Unternehmen, sollten eine einheitliche Sprache sprechen. Deine eigene. Es ist albern, irgendein Marketing-Sprech zu adaptieren oder sich BWLer-Vokabeln anzugewöhnen, wenn es nicht deinem Wesen entspricht. Du möchtest Menschen ansprechen, die an die gleichen Dinge glauben wie du – es ist nicht dein Ziel, Leute zu überreden. Also sprich mit deiner eigenen Stimme. Mach dir keine Gedanken darüber, in welchem Fachjargon andere sprechen, Echtheit wird belohnt! Alles, was in Wirklichkeit nicht kompliziert ausgedrückt werden muss, brauchst du auch nicht in E-Mails, auf deiner Website, deinem Blog oder anderswo kompliziert auszudrücken. Du musst von einer Sache ausgehen: Der Geschäftswelt fehlen authentische Persönlichkeiten, die mit ihren Unternehmen für etwas (ein-) stehen. Sie kann es verkraften, zu hören, was du zu sagen hast.

AUFGABE

Was ist deine Botschaft? Was möchtest du mit deiner Arbeit und mit deinem Unternehmen ausdrücken?

EIGENE SUBSTANZ

Das Internet ist voll von Beliebigkeit. Gesponserte Beiträge, dünne Inhalte, Werbung, um die niemand gebeten hat. Um dich abzuheben, musst du dich fernab der üblichen Beliebigkeit positionieren. Wer in seinem Bereich wahrgenommen werden will, muss eigene Inhalte produzieren. Das kann dir gelingen, indem du zum Beispiel einen Blog schreibst und deine Gedanken, Ideen und Prozesse oder Interessantes zu deinem Produkt oder deiner Branche teilst und dein Wissen weitergibst. Wenn dein Blog nicht gleichzeitig dein Unternehmen ist, muss er keine direkte Einkommensquelle sein, sondern ein weiterer Baustein in der Kommunikation mit deinen Kunden. Uns geht es hier nicht darum, dass du Blogger wirst, sondern darum, dass du die Chance des Schreibens erkennst. LinkedIn, Tumblr, Medium und nun auch Facebook[23] dienen als Microblogging-Plattformen, die eine große Community von potenziellen Lesern schon mitbringen und damit eine große Reichweite ermöglichen.

Das Schreiben hat viele Vorteile: Man wird sich selbst besser über seine Gedanken klar, wenn man sie in schriftliche Form bringt. Potenziellen Kunden relevante Informationen und Inhalte anzubieten (etwa kostenfreie Angebote zum Downloaden), kann sich in vielerlei Hinsicht bezahlt machen. Es ist eine Chance, nicht als unpersönliche Firma wahrgenommen zu werden, sondern als Persönlichkeit hinter deinem Unternehmen. Du hast dir Gedanken zu einem relevanten Thema gemacht, das dir in deiner Arbeit wichtig ist? Erzähl davon! Dein Unternehmen hat eine andere Herangehensweise als es für die Branche üblich ist? Berichte darüber! Du engagierst dich für etwas, das auch dein Unternehmersein beinflusst? Dann beschreib deine Erfahrungen! Was inspiriert dich? Teile es! Die Geschichten, die du zu erzählen hast, bringen interessierte Menschen zu dir und schaffen Verbindungen, die ohne das Internet nicht möglich wären. Seth Godin spricht gar von einer »connection economy«.[24]

Ein Blog hilft dabei, dass man dich auf ehrliche Weise kennenlernen kann, ohne etwas kaufen zu müssen oder mit Werbung belästigt zu werden. Er stellt eine perfekte indirekte Einkommensquelle dar. Ob ein Leser jemals zu einem Kunden wird, bleibt ihm selbst überlassen. Aufdringliche Werbeaktionen und der ständige Versuch, doch etwas aufzuschwatzen, ist dabei keine gute Strategie. Wenn sich deine Leser mit dem, was du teilst, identifizieren können, erreichst du deine Zielgruppe auf ganz natürliche Weise. Du hast sogar die Möglichkeit, dir mit hochwertigen Inhalten und Vordenkerleistungen einen Namen in der Branche zu machen. Wenn du für etwas stehst, werden auch Gastartikel und Beiträge auf anderen Medien-Blogs möglich, was wiederrum deine Reichweite vergrößert. Wer etwas Interessantes macht und darüber zu erzählen weiß, tut seinem Unternehmen einen großen Gefallen. Die meisten Blogs handeln ausschließlich von fremden Ideen, fremden Produkten, fremden Inhalten und kommunizieren keine klare eigene Botschaft. Wenn du Unternehmer bist, dann sind ein Blog, eine Facebook-Page, ein Twitter-Account nicht nur der Ort, um Gefundenes zu zeigen, sondern vor allen Dingen ein Platz, um dein eigenes Profil zu präsentieren. Mach dich nicht ausschließlich abhängig von fremden Inhalten, sondern nutze jede Gelegenheit, um eigene Gedanken und damit Inspiration zu teilen. Leiste deinen eigenen Beitrag, anstatt hauptsächlich wiederzukäuen und andere Inhalte zu pinnen, zu retweeten, rebloggen oder regrammen.

> **MACH DICH NICHT AUSSCHLIESSLICH ABHÄNGIG VON FREMDEN INHALTEN, SONDERN NUTZE JEDE GELEGENHEIT, UM EIGENE GEDANKEN UND DAMIT INSPIRATION ZU TEILEN.**

DEIN GUTER NAME

Viele Start-ups haben Kunstnamen, die nichts über ihr Angebot verraten. Das macht sie leicht verwechselbar. Wer sich anhört wie ein afrikanischer Fluss[25] muss entweder viel Geld ausgeben, um bekannt zu werden, oder über ein so starkes Alleinstellungsmerkmal verfügen, dass der Name mit dem speziellen Angebot verknüpft wird. Wenn du ein Kunstwort ohne Bezug auf dein Angebot als Namen ausgewählt hast, brauchst du entweder das Eine (Geld) oder das Andere (ein starkes Alleinstellungsmerkmal). Unsere Marke »supercraft« steht für eine moderne DIY-Brand, »craft« bedeutet im englischen »gestalten, herstellen, von Hand anfertigen« und bezieht sich auf Do It

Yourself und kreatives Arbeiten. Es fällt auf, dass die Ähnlichkeit zum deutschen Wort »Superkraft« besteht, also zu dem Begriff, der für übernatürliche Heldenfähigkeiten benutzt wird. Wir möchten damit ein positives Selbermach-Image und die Aufwertung der DIY-Kultur bereits mit unserem Namen ausdrücken. Das hört sich komplizierter an als es ist, aber tatsächlich ist es nicht unerheblich, sich einen guten Namen für sein Business zu überlegen. Ein guter Markenname, so Guy Kawasaki, bietet sich dafür an, als Verb benutzt zu werden. Das bekannteste Beispiel ist Google – wir alle »googeln«, anstatt im Internet zu suchen.[26] Aber auch unsere Kunden sagen, sie »supercraften«, anstatt zu basteln. Wenn sich dein Markenname als Verb etabliert, bedeutet es, dass deine Kunden dich im Kopf haben und dein guter Name selbstverständlich für eine Tätigkeit steht, die in Zusammenhang mit deinem Produkt abgespeichert wurde.

Hast du so einen Namen gefunden, solltest du ihn dir als Marke schützen lassen. Ein richtiger Künstler weiß zwar, dass Copyrights eine Erfindung der Verlage und Anwälte sind, und niemandem ein Wort, ein Bild, eine Idee gehören kann. In der Welt der Kreativen ist es erlaubt, sich von überall etwas zu nehmen und es für die eigene Kunst zu benutzen. »Nothing is original«.[27] Aber der Rest der Menschheit lebt in einer Welt der Verbote und Regeln. Und da sich dein Unternehmen in diesem Teil der Welt verantwortet, solltest du als Unternehmer und Kreativer auf die Schutzrechte achten, nicht nur auf deine. Wie du deine Marke anmeldest und weitere Infos dazu findest du in dem Kapitel »Copyrights & Markenschutz«.

MARKETING UND WERBUNG

Wenn du anfängst, hast du weder Geld für Marketing noch für Werbung. Die leichteste Übung ist es, sehr viel Geld in Maßnahmen wie Search, Flyer, Banner- und Print-Werbung zu versenken. Eine Garantie dafür, dass die Werbung auch bei den

Kunden ankommt, ist das aber nicht. Unsere einstigen beiden größten vergleichbaren Wettbewerber sind, wie in der Presse zu lesen war, nicht zuletzt an ihren hohen Marketing- und Werbekosten zugrunde gegangen. Der hohe Einsatz ließ nicht ausreichend viele Menschen zu Kunden werden. Daraus müssen wir eine wichtige Lehre ziehen: Eine loyale Kundschaft kann man sich nicht mit Geld kaufen. Damit aus Lesern, Zuschauern und Online-Surfern Kunden werden, muss dein Angebot seinen klaren Nutzen kommunizieren und gleichzeitig auf das richtige Publikum treffen. Beliebigkeit ist zu teuer und oft wirkungslos. Wo könnte der Nutzen deines Angebots sein optimales Publikum treffen?

DAMIT AUS LESERN, ZUSCHAUERN UND ONLINE-SURFERN KUNDEN WERDEN, MUSS DEIN ANGEBOT SEINEN KLAREN NUTZEN KOMMUNIZIEREN UND GLEICHZEITIG AUF DAS RICHTIGE PUBLIKUM TREFFEN.

Aus unserer Erfahrung braucht man heute nicht unbedingt große Werbebudgets. US-Entrepreneur und Investor Guy Kawasaki rät gar: Vergiss dein Werbebudget, nutze stattdessen Social Media![28] Was für die USA stimmen mag, lässt sich bisher jedoch nicht so einfach auf den deutschsprachigen Raum übertragen. Die sozialen Medien eignen sich sicher dafür, Produkte bekannt zu machen, haben aber nicht unbedingt einen so hohen Stellenwert, was tatsächliche Kaufentscheidungen betrifft. Eine Menge deiner potenziellen Kunden nutzt Twitter, Pinterest oder Instagram vielleicht sogar gar nicht. Trotzdem sind die sozialen Medien dein bester Kanal, um dich sichtbar zu machen. Denn sie erfüllen einen sehr wichtigen Aspekt, den du dir zunutze machen kannst: den Community Aspekt.

Aller Wahrscheinlichkeit nach werden deine Kunden die sozialen Medien nutzen, auch wenn du selbst dort nicht vertreten sein solltest. Du brauchst etwas Vertrauen, dass die Menschen, die dein Angebot nutzen, es auch weitererzählen und sich für dich einsetzen, ohne dass du sie dazu überreden musst. Sich über zufriedene Kunden und Unterstützer zu etablieren, dauert vielleicht länger, ist aber viel nachhaltiger als über Werbeversprechen.

SICH ÜBER ZUFRIEDENE KUNDEN UND UNTERSTÜTZER ZU ETABLIEREN, DAUERT VIELLEICHT LÄNGER, IST ABER VIEL NACHHALTIGER ALS ÜBER WERBEVERSPRECHEN.

Marketing ist so unangenehm geworden, weil es nicht mehr um die Befriedigung echter Bedürfnisse geht, sondern nur noch um Lautstärke. Aber die Leute sind schon taub geworden für die moderne Marktschreierei wie »das BESTE Angebot!« oder »Nimm 2, bezahl 1!« Geiz ist schon lange nicht mehr geil.

Der Kunde war noch sie so aufgeklärt und gleichzeitig so überfordert mit dem Angebot. Heute können wir gezielt suchen, was wir haben wollen. Wie aber entscheiden wir uns, was wir haben wollen? Marketing wurde erfunden, um den Konsumenten über Produkte aufzuklären, von denen er nicht wusste, dass er sie überhaupt braucht. Je weniger wir ein Produkt wirklich brauchen, desto mehr Aufwand muss für das Marketing betrieben werden. Wenn du nun selbst zum Anbieter wirst, liegt deine einzige Chance darin, wertvolle Angebote zu machen, damit du nicht gegen die Marketingbudgets der Großen ankämpfen musst. Gehe von dir selbst und deinem Kaufverhalten aus. Wann greifst du zu? Was lässt dich kalt? Du musst mit deinem Angebot ein bisschen Sinn, ein bisschen Ordnung in den Alltag deiner Kunden bringen. Je deutlicher der Nutzen kommuniziert wird, desto einfacher wird es, deinen Kunden zu erreichen. Das heißt nicht, dass sich Unsinn nicht verkaufen würde. Er verkauft sich massenhaft! Aber es benötigt viel mehr Marketingaufwand. Um möglichst viel von dem zu verkaufen, was eigentlich niemand braucht, funktioniert Marketing heute so, dass es sich mehr und mehr auf die Annehmlichkeiten der Kaufabwicklung konzentriert: »Bestell einfach alles, was dir gefällt. Bezahlen brauchst du erstmal nicht. Wenn dir das Zeug nicht gefällt, schicke es einfach an uns zurück. Kostenlos!« Die Bequemlichkeiten werden wichtiger als das Produkt. Nicht nur, dass du da nicht mithalten kannst, deine Arbeit muss dir mehr wert sein als das. So ein Marketing können nur die Großen betreiben, die subventioniert sind und die jeden Kunden brauchen, um je Gewinne zu machen, nicht nur »die Richtigen«. Natürlich gibt es keine »falschen« Kunden, aber es gibt Kunden, die bereit sind, den vollen Preis zu bezahlen, und die mehr für dich tun können, als bei dir einzukaufen. Sie können zum Beispiel Freunden von deinem Angebot erzählen.

Twitter, Facebook und Co. sind nichts weiter als die moderne Version von Mundpropaganda. Es ist klar, dass dein Produkt dafür sein Versprechen halten muss. Am besten, du übertriffst es sogar. Wenn etwas richtig gut ist, dann wollen deine Kunden auch davon erzählen. Werbung ist nicht mehr unangenehm, wenn sie eine ehrliche Kaufempfehlung durch Experten ist. Und die Leute lieben es, Experten zu sein. Werbung nervt immer nur dann, wenn sie unehrlich ist. Wenn sie verspricht, was sie nicht halten kann. Oder wenn sie nicht relevant ist. Was nützt es dir, zu wissen, was Trachten bei Amazon kosten, wenn das Oktoberfest dein schlimmster Albtraum ist? Wenn begeisterte Kunden jedoch freiwillig und von sich aus aktiv werden und ihren Freunden weitererzählen, was sie für ein tolles Produkt und Unternehmen entdeckt haben, dann nervt das niemanden. Es bekommt eine Relevanz. Wenn es für deine Freunde relevant ist und sie davon erzählen, dann ist die Wahrscheinlichkeit hoch, dass es auch für dich relevant sein könnte. Das ist selbstverständlich die beste Werbung, die man als Unternehmen bekommen kann. Dieses Vertrauen der Men-

> **DIESES VERTRAUEN DER MENSCHEN KANN MAN SICH VERDIENEN, INDEM MAN MEHR *WERT* SCHENKT ALS DIE MENSCHEN ES GEWOHNT SIND.**

schen kann man sich verdienen, indem man mehr *Wert* schenkt als die Menschen es gewohnt sind. Biete ihnen einen höheren Nutzen des Produkts, besseren Kundenservice, mehr Substanz und weniger plumpes Marketing, dann werden sie auch ihren Freuden von dir erzählen. Das Internet bevorzugt nicht mehr nur den, der das größte Budget hat. Nicht wer am lautesten schreit, gewinnt, sondern wer wertvolle Angebote machen und eine klare Botschaft vermitteln kann. Du musst die Menschen dort abholen, wo sie unbewusst auf dich warten. Du musst ein Bedürfnis treffen, das sie schon haben (Selbstverwirklichung, Orientierungshilfe, Vereinfachung des Alltags etc.), anstatt ein Bedürfnis erst wecken zu wollen. Das können nur die Großen mit viel Geld. Deine Aufgabe ist es nicht, den Unsinn abzuschaffen. Deine Aufgabe ist es, die bessere Alternative anzubieten.

Aber nicht nur im Internet sollte man von dir hören. Auch im Alltag und Bekanntenkreis soll man von deinem Angebot erfahren. Als Unternehmer musst du überall und in jedem deine potenzielle Kundschaft sehen. Es geht nicht um das Aufschwatzen, sondern darum, präsent zu sein. Daher ist es in jeder Situation gut, wenn du *zeigen* kannst, was du machst. Besser als eine Visitenkarte ist – falls es praktikabel ist –, dein echtes Produkt zeigen zu können. Hab es bei dir! Nutze es selbst! Hab es im Auto! Hab es auf dem Smartphone! Zum Beispiel in Form von

> ES GEHT NICHT UM DAS AUFSCHWATZEN, SONDERN DARUM, PRÄSENT ZU SEIN. DAHER IST ES IN JEDER SITUATION GUT, WENN DU *ZEIGEN* KANNST, WAS DU MACHST.

ein paar aussagekräftigen Bildern. Oder fertige wie wir ein kleines, originelles Heft an, mit allen Infos zum Produkt und deinem Unternehmen und der Kontaktinformation. Wer fragt, kann es gleich behalten. Nach dem Prinzip: nicht kompliziert erklären, sondern einfach zeigen. Du wirst ohnehin ein paar Werbemittel benötigen, warum solltest du sie nicht so gestalten und immer dabei haben, damit sie einen wirklich guten Zweck erfüllen, anstatt gleich im Müll zu landen? Vielleicht kannst du den Nutzen sogar praktisch zeigen? Lass dir etwas Kreatives einfallen, der Künstler in dir muss dem Unternehmer hier zuarbeiten. Wenn jemand fragt, was du beruflich machst, erinnere dich einfach an deinen Beweggrund! Und habe etwas bei dir, das die Leute sich ansehen können. Du musst dich nicht über deinen Titel oder Tätigkeit beschreiben – das versteht bei kreativen Unternehmern meist sowieso niemand. Lass lieber deine Arbeit für sich sprechen.

Weitere Möglichkeiten, um dein Angebot bekannt zu machen, bieten sich bei Sprechengagements auf Konferenzen, Tagungen oder anderen Veranstaltungen. Solche Termine können sehr lehrreich und fruchtbar sein. Auch wenn es nicht jedermanns Sache ist, Vorträge zu halten oder Teil eines Panels zu sein: Der Gang auf die Bühne ist nicht nur hilfreich, um etwaige Redeängste zu überwinden, es ist auch eine sehr gute Art, seine Vision, sein Wissen und seine Haltung zu bestimmten Themen zu kommunizieren, mitzudiskutieren und dabei nicht direkt für sein Produkt, aber doch für seine Sache zu werben. Wenn du die Bühne immer anderen überlässt, verpasst du eine Chance, von deiner Arbeit zu erzählen und deine (potenzielle) Kundschaft persönlich kennenzulernen. Der beste Kontakt ist immer der persönliche Kontakt. Zeig dich und zeig, was du mit deiner Arbeit gestaltest. Sonst wird die Debatte ohne dich geführt! Egal, wo du Menschen begegnest: Es kann sich immer die Gelegenheit bieten, einen neuen Mitstreiter, einen neuen Business-Partner und vor allem einen neuen Kunden zu gewinnen.

> **WENN DU DIE BÜHNE IMMER ANDEREN ÜBERLÄSST, VERPASST DU EINE CHANCE, VON DEINER ARBEIT ZU ERZÄHLEN UND DEINE (POTENZIELLE) KUNDSCHAFT PERSÖNLICH KENNENZULERNEN.**

Social Media

Das Internet ist im privaten und beruflichen Gebrauch zur Selbstverständlichkeit geworden. In jeder freien Minute schauen wir auf unsere Social-Media-Profile, um zu sehen, ob sich etwas getan hat. Wir erwarten, dass wir immer online sein können. Alle sind empört, wenn auf der Bahnfahrt von Berlin nach Hamburg der Hotspot für das Board-Wifi nicht geht. Viele fühlen sich berufen, die Öffentlichkeit per Twitter zu »informieren«, dass mal wieder das Board-Wifi nicht geht. Social Media ist ein beliebtes Tool zur Meinungsäußerung und Beschwerde geworden. Wir bewerten Dienstleistungen, Talkshow-Gäste, Nachrichten. Wir wissen, was der lustigste »Meme«[29] ist, wo die süßesten Katzenfotos zu finden sind und warum der letzte Tatort wieder unrealistisch war. Aber es ist uns scheinbar entgangen, dass mit den sozialen Medien gleichzeitig neue Möglichkeiten entstanden sind, abseits von Empörung und lustigem Zeitvertreib. Das Internet hat nicht nur jedem das Werkzeug gegeben, seine Meinung (ungefragt) zu senden. Es ist zum ersten Mal auch möglich, ein Medium reziprok zu benutzen. Anders als der Fernseher oder das Radio beschallt es uns nicht nur, sondern es funktioniert in beide Richtungen. Für dein Unternehmen nutze es als das, was es ist: ein Kommunikationsmittel. Kultiviere den Kontakt zu deiner Zielgruppe.

Relevante Social-Media-Kanäle in Deutschland sind die, die du selbst wahrscheinlich schon kennst und nutzt: Facebook, Twitter, Instagram, YouTube und Pinterest. Dein Blick als Nutzer macht sich für deine eigene unternehmerische Tätigkeit bezahlt. Welche Inhalte findest du interessant? Was bringt dich dazu, etwas auf Facebook zu teilen? Wann liebst du ein Pinterest-Board? Und welcher Instagram-Account macht dich glücklich? Ein kreativer Unternehmer verwechselt die sozialen Medien nicht mit einem Marktplatz, sondern erkennt die Chance, zu kommunizieren und die Geschichte seines Unternehmens und seiner Produkte zu erzählen. Du selbst willst auch keine lästigen Werbebotschaften sehen, warum solltest du dein Unternehmen darauf reduzieren?

Es heißt eine ausgefuchste Social-Media-Strategie sei für Unternehmen von besonderer Wichtigkeit. Es ist aber wirklich nicht nötig, aus Facebook, Twitter und Co. so eine große Wissenschaft zu machen. Die Nutzung sollte dir Spaß machen! Wenn man einige wenige Dinge beherzigt, kann dein Auftritt in den sozialen Medien ein Baustein für deinen Erfolg werden. Dies gilt allerdings nur, wenn deine Anhängerschaft »organisch« wächst, deine Anhängerzahl also von alleine und Kraft deiner guten Inhalte und interessanten Angebote ansteigt. Eine hohe oder niedrige Anhängerschaft sagt nichts über tatsächliche Verkaufszahlen aus. Bestseller-Autor Paulo Coelho setzte einmal diesen Ratschlag für andere Autoren via Twitter ab: »Twitter doesn't sell books. Be here for any other reason.«[30] Er muss es wissen, denn schließlich unterhält er derzeit fast 11 Millionen Twitter-Follower. Diese anderen Gründe, die sozialen Medien als Unternehmer zu nutzen, könnten sein:

- *Es sind soziale Medien, die hauptsächlich wegen der sozialen Komponente interessant sind. Sie sind (noch) keine direkten Verkaufskanäle, auch wenn Facebook, Twitter und Co. gezielte Werbemaßnahmen anbieten. In Zukunft wird vermutlich sowohl Facebook[31] als auch Pinterest[32] zu einem direkten Marktplatz. Der wahre Nutzen der sozialen Medien liegt derzeit aber nicht in der Anzeigenschaltung, sondern darin, eine Verbindung zum (potenziellen) Kunden eingehen zu können.*

- *Wenn du dich für einen sehr kreativen Werber hältst, spricht nichts dagegen, ein bisschen mit Twitter- oder Facebook-Ads zu experimentieren. Aber erwarte nicht, dass deine besten Kunden über Facebook- und Twitter-Ads zu dir finden. Die* meisten Leute ignorieren Werbung, sie erregt kaum noch Aufmerksamkeit. Sie nervt. Niemand benutzt die sozialen Medien, um Werbung zu sehen, sehr wohl aber, um Neues zu entdecken und sich auszutauschen.

◆ Die einzige Strategie, die du brauchst, ist die: Teile neben deiner Arbeit vor allem interessante Dinge, die dich selbst bewegen und in denen du einen Mehrwert für deine Zielgruppe siehst.

◆ Um etwas zu verkaufen, sprich nicht nur davon, etwas verkaufen zu wollen. Das ist uninteressant. Erzähl lieber die Geschichte deines Unternehmens. Die Menschen wollen dich kennenlernen! Zeig allen, welche Vorteile dein Produkt bringt – und zwar möglichst kreativ. Es ist besser, eine persönliche Geschichte zu erzählen, die inspiriert und interessant ist, als ständig nur auf Rabattaktionen hinzuweisen.

◆ Beiträge mit Bildern scheinen besser anzukommen als reine Textbeiträge. Bedenke dies auch bei der Nutzung von Twitter und Facebook und verbinde deine Beiträge mit einem Bild. Achte unbedingt immer darauf, dass du keine Urheberrechte Dritter verletzt! Am besten verwendest du nur eigene Bilder. Die Tatsache, dass im Internet viele Bilder ohne offensichtliches Copyright zu finden sind, heißt nicht, dass sie einfach frei für eigene Zwecke verwendet werden dürfen!

◆ Binde deine Follower ein. Lade sie ein, Teil deiner Geschichte zu werden. So entsteht Community und dafür eigenen sich die sozialen Medien perfekt. Du solltest aufrichtiges Interesse an den Menschen haben, die deine Produkte in Anspruch nehmen oder sich für deine Arbeit interessieren. Make friends!

- *Ein absolutes Tabu ist es, unaufgefordert deine Angebote auf fremde Facebook-Pinnwände zu posten. Niemanden interessiert der Link zu deinem Shop auf der Facebook-Page eines größeren Unternehmens, nicht an der Pinnwand und nicht unter irgendeinem Bild. Der verzweifelte Versuch, auf Seiten, die eine vermeintlich riesige Anhängerschaft haben, nach Aufmerksamkeit zu fischen, ist nicht clever, es ist Spam. Und niemand auf der Welt braucht Spam.*

- *Es hört sich selbstverständlich an, aber: Richte für deine Social-Media-Accounts originelle, knappe Kurz-beschreibungen ein. Man sollte sofort verstehen, worum es bei dir geht, wenn man auf deine Instagram-, Twitter- oder Facebook-Seite kommt.*

- *Gib dir ein bisschen Mühe und poste nicht überall das gleiche. Mit einem Click die gleichen Inhalte auf alle Social-Media-Kanäle gleichzeitig zu posten, ist zwar bequem, aber nicht sinnvoll, wenn man Interesse an seiner Community hat.*

Mach dir keine Illusionen. Die effektive Nutzung von Social Media ist zeitaufwänding. Es bedeutet, Zeit abseits vom Kerngeschäft zu verbringen. Aber die kreative Nutzung von Social-Media-Kanälen bietet Marketingchancen, die man für sich und sein Unternehmen ausloten sollte. Aber Achtung: Halbherzige Auftritte schaden mehr als dass sie helfen. Es ist besser, gar nicht zu twittern, als schlecht zu twittern.

Letztlich ist es auch eine Frage der eigenen Lust und Kapazitäten, all diese Kanäle bespielen zu wollen. Für einige Branchen ist es unerlässlich, weil sich die Zielgruppe dort tummelt. Für andere ist es eher ein relativ zeitaufwändiges »nice to have«. Am Internet kommt heute kein Unternehmen mehr vorbei, aber lass dich von den Möglichkeiten des Internets und speziell den sozialen Medien nicht unter Druck setzen. Sie sind nicht selten Grund für »Technostress« und Informationsüberforderung. Trotzdem solltest du zumindest gängige Tools kennen, um für dich abschätzen zu können, ob eine Nutzung für dein Business sinnvoll ist. Wenn du eine Plattform gefunden hast, die zu dir passt, nutze sie, um dich sichtbar zu machen und den direkten Kontakt zu Kunden zu pflegen. Aber vergiss nicht, dass es wichtiger ist, *Kunden* zu haben, als bloß beliebige Follower.

> **AM INTERNET KOMMT HEUTE KEIN UNTER-NEHMEN MEHR VORBEI, ABER LASS DICH VON DEN MÖGLICHKEITEN DES INTERNETS UND SPEZIELL DEN SOZIALEN MEDIEN NICHT UNTER DRUCK SETZEN.**

Newsletter

Viele halten E-Mail-Marketing für die effektivste Art des Marketings. Und es stimmt: Ein guter Newsletter kann sich zu dem wichtigsten Element der Kundenkommunikation entwickeln. Aber dazu muss man vor allem zwei Dinge beachten:

- *Habe ich relevante News und gute Inhalte?*
- *Woher kommen meine Subscriber (auch Abonnenten genannt)?*

Es gibt verschiedene Anbieter für E-Mail-Marketing-Kampagnen (siehe Teil 3). Sie unterscheiden sich hinsichtlich der Preispakete und Möglichkeiten zur inhaltlichen und visuellen Gestaltung. Außerdem bieten sie unterschiedliche Tools zur Erfolgskontrolle der Kampagnen. Viele Dienste sind bis zu einem bestimmten Versand-Limit völlig kostenlos. Sich im E-Mail-Marketing auszuprobieren, kostet also zunächst nichts, außer ein bisschen Zeit, kann aber große Wirkung haben. Aber der Versand von E-Mails ist eine sensible Angelegenheit. Daher ein paar Worte zur Vorsicht: Eine beliebte Art, die eigenen Newsletter-Liste mit E-Mail-Adressen zu befüllen, ist, einfach beliebige E-Mail-Adressen auf die Listen zu setzen und ungefragt Werbeinhalte an sie zu versenden. Du hast sicherlich auch schon einmal eine solche Werbe-Mail erhalten, ohne dass du dich selbst dafür angemeldet oder überhaupt je von der Firma gehört hast, die dich nun mit einem Newsletter beglückt. Wie oft hat das bei dir zu einem Interesse an dieser Firma oder gar zu einem Einkauf geführt? Zu Recht hast du es ignoriert, wahrscheinlich hat es dich sogar geärgert, denn es ist nichts weiter als Spam. Das Vertrauen und die Daten von Menschen zu verkaufen oder an Dritte weiter-zuteilen oder ihre E-Mail-Adresse ungefragt zu benutzen, ist schlechter Stil. Wir erinnern uns: »Als Unternehmer muss man Menschen mögen.« Nun, Menschen, die man mag, betrügt man nicht. Genau wie Freunde. Und genau wie Freunde werden auch deine Kunden, wenn es dir gelingt mit deinem Angebot zu über-zeugen, ihren Freunden von dir erzählen. Die Ausweitung des Kundenkreises durch sogenanntes »Grassroots marketing« – also der Verbreitung von Inhalten von einem kleinen Personenkreis zu einem größeren Publikum –, ist der beste, wenn auch manchmal etwas langsame Weg, um seine Angebote bekannt zu ma-chen. Aber auf diese Weise entsteht ein loyaler Kundenkreis, der sich wirklich für dein Produkt interessiert.

Die meisten Corporate-Newsletter liefern reine Produktempfehlungen oder Branchennews, haben aber oft kaum einen Nutzen für den Empfänger. Das Wich-tigste, um einen unschlagbaren Newsletter zu gestalten, ist aus unserer Sicht:

- *Du musst dich innerlich dazu verpflichten, ausschließlich wertvolle Inhalte zu teilen. Genau wie auf deinen Social-Media-Kanälen gilt: Teile, was dich selbst interessiert. Neben eigenen Inhalten (siehe Abschnitt »Eigene Substanz«), mach deine Kunden auf interessante Events, Produkte (nicht nur deine eigenen), Artikel und Neuheiten aufmerksam. Inspiration ist unbezahlbar!*

- *Achte auf eine gewisse Regelmäßigkeit, damit deine Subscriber sich darauf einstellen können und sich im besten Fall bereits auf deinen Newsletter freuen. Das schafft Vertrauen und zeigt Zuverlässigkeit.*

- *Verzichte auf ständige Werbebotschaften, das ist Spam!*

- *Verzichte darauf, Kunden zu deinem Newsletter zu zwingen (etwa indem sie automatisch auf die Liste gesetzt werden, wenn sie etwas bei dir kaufen. Gib ihnen immer die Möglichkeit, zu verzichten, ohne sie zu bevormunden.)*

- *Auf deiner Website sollte die gut sichtbare Möglichkeit bestehen, sich freiwillig für deinen Newsletter anzumelden. Das kann über eine Anmelde-Plugin geschehen oder über ein Anmelde-Pop-up. Für beides stellt dein E-Mail-Marketing-Anbieter dir den Code zur Verfügung. Das Erstellen eines Anmeldeformulars ist meistens auch ohne Plugin direkt auf einer Website möglich (lass dir im Zweifel von einem Webdesigner helfen).*

- *Dein Newsletter sollte auch im Browser zu öffnen und auch für alle, die noch nicht auf deiner Subscriber-Liste stehen, zugänglich sein. Es geht darum, relevante Inhalte zu teilen, nicht darum, sie exklusiv zu halten. Wenn dein Newsletter spezielle Rabatte oder Angebote enthält, die nur Newsletter-Abonnenten einen*

Vorteil verschaffen sollen, vertraue darauf, dass mehr Menschen sich anmelden, damit sie keine Ausgabe verpassen. Lass die Leute selbst einschätzen, was sie erwartet, bevor sie sich anmelden. Vergiss nicht: Dein Newsletter soll Leser zu Kunden machen, nicht zu Subscribern.

- *Er sollte sich unkompliziert weiter teilen lassen (per E-Mail oder via Social Media), damit jeder, der ihn erhalten hat, es jedem weitererzählen kann.*

- *Er muss ein Impressum (die Angaben für ein korrektes Impressum findest du in Teil 3) und Social-Media-Buttons haben, damit du leicht im Netz gefunden werden kannst.*

Wenn dein Newsletter richtig gut ist, dann wird es langfristig auch honoriert werden. Denk daran, dass eine riesige Liste von Empfängern nicht unbedingt ausschlaggebend ist für deinen unternehmerischen Erfolg. Eine loyale kleine Gruppe von Fans und Kunden ist besser als eine beliebige große Gruppe von Desinteressierten. Es ist besser, zehn Verkäufe aus einer Liste mit 100 Subscribern zu generieren, als einen Verkauf aus einer Liste mit 10 000 Subscribern. Mit ein bisschen Geduld und Spaß an der Sache, können deine Nutzung von Social Media und dein Newsletter teure Marketingmaßnahmen ersetzen. Du brauchst dafür nur wenig Budget, zu Beginn sogar häufig gar keins, und du hast die Möglichkeit, eine breite Masse von Kunden und potenziellen Geschäftspartnern zu erreichen. Wir selbst können, auch ohne dass wir nur unsere eigenen Produkte bewerben, bei jedem Newsletterversand Verkäufe erzielen und neue DIY-Fans für unsere Ideen gewinnen. Der Wert eines guten Newsletters liegt nicht darin, ihn als reines Werbemittel zu benutzen, sondern darin, etwas von den eigenen Leidenschaften mit Kunden und Interessierten zu teilen.

Design

Viele meinen, ein ausgeklügeltes Design, inklusive teurem Logo und CI (Corporate Identity), wäre der erste Schritt zu unternehmerischem Erfolg. In Wirklichkeit ist ein perfektes Logo und Briefpapier natürlich kein Ersatz für ein gutes Geschäftskonzept. Natürlich ist es nett, sich hübsch zu machen, und die Umsetzung eines Logos und Visitenkarten als erste Amtshandlung macht großen Spaß. Es ist, als würde man dem Potenzial der eigenen Idee ein Gewand geben und sich offiziell der Welt präsentieren. Vielleicht kaufen wir uns als frischgebackene Selbstständige auch selbst besser ab, was wir uns vorgenommen haben, wenn es auf einer hübschen

DIE SCHÖNSTE BUSINESSCARD NÜTZT DIR NICHTS, WENN DAS BUSINESS KEINE SUBSTANZ HAT.

Visitenkarte gedruckt steht. Aber so wichtig die Erstellung eines Logos und CI auch ist, so toll es ist, eine hochwertige Visitenkarte austeilen zu können und das feine Briefpapier zu fühlen – es darf dich nicht davon ablenken, zuerst das Geschäftskonzept zu perfektionieren. Die schönste Businesscard nützt dir nichts, wenn das Business keine Substanz hat. Ein schönes Logo ist schön für dich, schön für deine Marke und auch nicht unerheblich für den Marketingwert. Aber ein schönes Logo allein, verkauft nichts. Wenn dein Geschäftskonzept hingegen großartig ist, kannst du ruhig ein schlichtes Logo haben – ohne viel dafür ausgeben zu müssen! Die Frage ist, was ist die Aufgabe eines Logos? Die Teekampagne von Günter Faltin kommt seit 30 Jahren ohne speziell erfundenes Logo aus. Sie benutzt ein Gütesiegel, das Schutzzeichen der Darjeeling-Teebauern und einen einfachen Schriftzug. Es transportiert die Werte der Teekampagne, ohne dabei auf Marketinghascherei zu setzen. Bei Designern und Marketingexperten werden sich hier wahrscheinlich die Geister scheiden, aber ein großartiges Produkt und Geschäftskonzept ist wichtiger als ein aufwendiges Logo, um die Menschen zu überzeugen. »Mehr Schein als Sein« bezahlt nicht die Miete – andersherum schon!

Wir selbst hatten jahrelang keine Visitenkarten, kein Türschild (da kein Büro) und die Umsetzung unseres Logos hat schätzungsweise fünf Minuten gedauert. Aber dafür hatten wir von Anfang an ein funktionierendes Geschäftskonzept, hochwertige Produkte, ansprechende Produktgestaltung und eine einheitliche Sprache.

Muss ich selbst in der Lage sein, das Design für mein Unternehmen zu entwerfen? Nein. Als Gründer musst du nur wissen, welches Gefühl dein Logo und deine Marke bei den Menschen auslösen soll. Ein paar Gedanken darf man sich dazu machen: Ein grafisches Logo kann bereits einen Hinweis über die Tätigkeit deines Unternehmens geben oder als reine Wortmarke (Schriftzug) gestaltet werden. Schriften und Farben erzeugen gewisse Stimmungen und beeinflussen die Wahrnehmung. Was soll das Logo transportieren? Welche Farben sind dazu geeignet? Welche »Energie« soll es weitergeben? Es sollte einprägsam und auch in kleiner Größe noch erkennbar sein. Ästhetik spielt eine Rolle, es gibt keinen Grund, warum ein Logo oder eine CI nicht hübsch sein sollten. Ein laienhaftes Logo kann sogar abschreckend und unprofessionell auf Kunden wirken. Die Umsetzung ist also ein Fall für einen Grafikdesigner. Über www.99designs.de kannst du zum Beispiel eine Ausschreibung machen, auf die diverse Designer Zugriff haben. Sie schicken dir Design-Vorschläge, die nach deinen individuellen Vorgaben erstellt werden, und aus denen du am Ende auswählen kannst. Für kleinere Grafikjobs wie Banner oder Bildbearbeitung stehen einfache DIY-Online-Tools zu Verfügung (siehe Ressourcenliste).

Website & E-Commerce

Du brauchst eine Website, auch wenn dein Business kein Online-Business ist. Eine gute Website ist dein Schaufenster zur Welt, dein Ort, an dem du dich, dein Angebot und deine Art zu arbeiten darstellen kannst. Und der Ort, an dem du gefunden werden musst, nicht nur wenn man explizit nach dir sucht. Das wichtigste Feature deiner Seite ist ihre Funktionalität. Das heißt nicht, dass sie viele Funktionen haben muss oder nicht schön sein braucht. Aber die schönste Website nützt nichts, wenn sie keine intuitive Benutzeroberfläche hat. Je einfacher zu verstehen, desto besser.

Muss ich als Gründer Webedesign und Programmierung selbst beherrschen können? Nein. Auch wenn es in heutiger Zeit natürlich nicht schadet, sich mit Programmiersprachen und Webentwicklung auszukennen, ist es für dich als Unternehmer nicht zwingend notwendig, diese Expertise zu haben. Webdesign und Programmierung sind ein Fall für Experten. Es stehen aber einige Online-Dienste wie jimdo.com oder wix.com zur Verfügung, die es dank vorgefertigter Templates ermöglichen, auch ohne Programmierkenntnisse selbst eine Website mit Shop umzusetzen. Um schnell loszulegen und deine Produkte ins Netz zu bekommen, kannst du durchaus damit starten. Aber im Laufe deiner Professionalisierung solltest du über eine speziell auf deine Bedürfnisse angepasst Seite mit Web-Shop nachdenken.

Wenn dein Hauptgeschäft im E-Commerce liegt, nimm von Anfang an für die Gestaltung und Umsetzung die Hilfe eines professionellen Webdesigners und Programmierers in Anspruch. Mach dir genaue Gedanken darüber, wie deine Seite aussehen soll und welche Funktionen wichtig sind. Programmierer beherrschen die Technik, haben aber nicht unbedingt auch den ästhetischen Anspruch, den du dir wünschst. Wenn du kannst, arbeite mit einem Webdesigner, der auch ein Auge auf ein ansprechendes Design hat.

- Der Fokus einer effektiven Website liegt auf dem Angebot, das sie kommunizieren soll. Der Kunde muss sofort verstehen, was er bei dir bekommt. Die Vorteile deines Angebots sollten eindeutig sein, am besten du listest sie deutlich direkt auf der Homepage auf. Auch nach Preisen sollte man nicht lange suchen müssen.

- Gestalte auf jeden Fall eine »Über mich«-Seite, auf der du dich vorstellst und deine Geschichte erzählst. Dich nicht persönlich vorzustellen, kein Foto von dir, keinen kurzen Hintergrund zu deiner unternehmerischen Vision zu geben, lässt dein Angebot unpersönlich wirken. Menschen suchen nach Verbindungen. Gib ihnen die Chance dich kennenzulernen.

- Schreibe interessante Texte. Genau wie in einem herkömmlichen Geschäft, kommt Kundschaft in den Laden, um einzukaufen, sich wohlzufühlen und dabei gezielt beraten zu werden. Kunden kommen nicht, um sich volltexten zu lassen. Kein Mensch liest überflüssig viel Text, aber jeder liebt es, inspiriert zu werden.

- Vermeide zu kleine Bilder, sei es von deinen Produkten, oder bei deinem Online-Auftritt insgesamt. Modernes Webdesign ist heute großflächig und arbeitet mit starker visueller Kommunikation und großen Produktbildern. Sag deinem Webdesigner, du möchtest eine Website, die »responsive« ist. Das bedeutet, dass sie für viele Endgeräte korrekt und ansehnlich dargestellt wird. Sehr viele Leute kaufen über ihr Tablet oder Mobiltelefon ein. Wenn deine Seite auf diesen Geräten aussieht wie 1993, oder der Kauf- Button gar nicht zu finden ist, hast du schlechte Karten.

- Wenn du nicht wie ein großer unpersönlicher Konzern wirken willst, benutze keine Stockphotos. Die großen Bilddatenbanken bieten zwar Bilder für wirklich jeden

Anlass an, aber eigene Bilder sind immer besser, da sie authentischer sind und auch nicht zufällig auf einer anderen Website auftauchen könnten. Damit sie ihre Wirkung nicht verfehlen, müssen sie aber professionell sein. Wenn du dir noch keine professionelle Kamera leisten kannst, oder nicht selbst fotografieren, aber auch keinen Fotografen engagieren möchtest, dann arbeite mit dem, was du hast. Aussagekräftige Produktbilder auf weißem Hintergrund bekommst du auch mit wenig technischer Ausrüstung hin. Für das Fotografieren und insbesondere für die Produktfotografie gibt es viele Online-Tutorials, in denen du teilweise kostenlos lernen kannst, wie man selbst gute Fotos macht. Wenn es nicht klappt, übergib den Job an einen Fotografen. Die Bilder auf deiner Homepage und insbesondere die Produktfotos müssen professionell sein.

♦ SEO: Hinter »SEO« verbirgt sich die Suchmaschinenoptimierung (Search Engine Optimization). Aus ihr wird eine riesige Wissenschaft gemacht. Tatsächlich ist es nicht ganz unkompliziert, sie für sich zu nutzen. Dein Online-Auftritt sollte jedoch für Suchmaschinen optimiert sein, daher ist SEO ein Fall zur Auslagerung an Profis, wenn du selbst keine Ambitionen hast, dich darin einzuarbeiten. Das gleiche gilt für Search-Marketing (zum Beispiel Google Advertising). Nicht jedes Business muss Google Ads schalten, aber wenn dein Business bei relevanter Keyword-Suche unter den ersten Ergebnissen auftaucht, bist du anderen Wettbewerbern gegenüber stark im Vorteil.

♦ Bezahlarten: Achte darauf, dass dein Shop verschiedene Bezahlarten anbietet. Mehr dazu in Teil 3 unter »E-Commerce«.

♦ Automatisierung: Alles, was automatisch gehen kann, sollte auch automatisch gehen. Der Bestellvorgang sollte daher vollkommen automatisiert sein. Bestell-

bestätigung, Rechnungstellung und Kundendatenbanken sollte dein Shopsystem automatisch verschicken beziehungsweise anlegen. Du brauchst eine intelligente Shop-Software, daher sollte dein Webdesigner sich gut mit E-Commerce und den spezifischen Anforderungen für ein angenehmes Online-Einkaufserlebnis auskennen.

Sicher weißt du von dir selbst, wieviel Frust es bedeutet, wenn du irgendwo einkaufen möchtest und der Online-Shop nicht reibungslos funktioniert. Die meisten Kunden brechen den Kaufvorgang ab, weil der Checkout-Prozess unnötig kompliziert ist oder die Seite zu lange braucht, um zu laden. Oder wenn sie, um bestellen zu können, erst einen Kundenaccount mit Passwort anlegen müssen. Frage dich selbst: Möchte ich mich erst lange anmelden, um etwas zu bestellen? Möchte ich von zusätzlichen Kosten überrascht werden, kurz bevor ich auf den Kaufbutton drücke? Mach es deinen Kunden so leicht und angenehm wie möglich, bei dir zu bestellen!

Die formalen Anforderungen für Betreiber einer Website haben wir in Teil 3 noch einmal aufgeführt. Sie sind für alle Websites gültig, aber insbesondere für Unternehmer *zwingend* zu beachten und wichtig, damit du dich rechtlich auf der sicheren Seite bewegst.

Texte
Egal, ob für die Website, Broschüren, Flyer, Produktbeschreibung – es werden immer wieder Texte notwendig, die den Menschen da draußen präzise mitteilen müssen, worum es bei dir geht und was man bei dir bekommt. Wenn du deine Texte nicht selbst schreiben kannst, dann solltest du dich darin üben. Auch wenn das Formulieren von Texten anfangs vielleicht Mühe macht, solltest du es trotzdem selbst können und auch tun. Und selbst wenn du deinen Text am Ende nicht immer verwendest:

Das Aufschreiben ordnet die Gedanken und schult darin, die eigene Stimme zu finden. Natürlich kann man für besonders wichtige Texte professionelle Texter engagieren. Aber je besser du deine eigenen Texte schreiben kannst, desto besser kannst du dein eigenes Produkt artikulieren. Agenturen, die das Texten für dich übernehmen, sind nicht nur teuer, sondern haben auch den Stil einer Werbeagentur. Er ist vielleicht manchmal zu glatt, oder mit zu viel Marketing-Sprech versehen. Ein perfekter Slogan, der sich toll anhört, bewirkt vielleicht trotzdem nichts bei deiner Zielgruppe. Die Zusammenarbeit mit einem freien Texter oder Texterin kann zu guten Ergebnissen führen, aber deinen eigenen Stil hast eben nur du selbst. Es lohnt sich, ihn zu finden und zu kultivieren. Wenn du deine eigenen Texte schreibst, solltest du ein professionelles Lektorat in Betracht ziehen. Rechtschreibfehler wirken in der Außendarstellung unprofessionell, man selbst wird aber nach kurzer Zeit »fehlerblind«.

Umgang mit der Presse

Redaktionen erhalten bekanntlich täglich sehr viele Pressemitteilungen. In allen von ihnen steht, dass es ab jetzt irgendetwas vermeintlich Neues, Großartiges und Phänomenales, zumindest aber Wichtiges zur Veröffentlichung gibt. Jede einzelne Pressemitteilung wünscht sich Aufmerksamkeit. Dort herausgefischt zu werden, entspricht der Logik des Auserwähltwerdens, nicht aber der des sich selbst Auswählens. Du musst also zusehen, dass du den Spieß herumdrehst.

Klassische Pressearbeit wird zu Recht von vielen als schwierig empfunden. Wenn man gründet oder ein Produkt auf den Markt bringt, glaubt man oft, von der Presse aufgegriffen zu werden, sei der Durchbruch. Aber die klassische Presse hat in den letzten Jahren viel von ihrem Einfluss eingebüßt. Das Internet beschert dir ebenso eine breite Öffentlichkeit, und zwar ohne dass du es ständig darum bitten musst – und das außerdem noch gratis! Das setzt auch die klassischen Medien unter Druck. Magazine, Zeitungen und Online-Portale sind heute so abhängig von gutem Content wie noch nie. Ohne Inhalte keine Zeitung. Der hohe Werbeanteil in Printmedien fällt auch den Lesern zunehmend unangenehm auf. Presseerwähnung und sogar ganze Strecken sind heute oft eingekauft. Leisten können sich das nur Gründer, die von Investorengeldern zehren. Oftmals bringen aber selbst teure Anzeigen nicht mehr den gewünschten Erfolg und auch redaktionelle Erwähnung ist keine Garantie dafür, dass du dadurch deine Zahlen nennenswert verbessern kannst. Daher brauchst du dich auch nicht darum sorgen, kein Budget für teure Printwerbung zu haben.

Unsere Erfahrung zeigt, dass Augenhöhe in der Arbeit mit der Presse sehr wichtig ist. Je länger du im Geschäft bist, desto selbstbewusster wirst du mit Journalisten und Redakteuren umgehen. Und desto mehr wirst du verstehen, dass die neue Arbeitswelt auf ebenbürtige Zusammenarbeit baut, anstatt auf Abhängigkeiten wie einst. Wichtiger als Pressemitteilungen zu schreiben, ist es heute, Partnerschaften mit den Medienhäusern zu etablieren. Wir arbeiten für unsere Projekte nur noch mit Medienpartnerschaften und verzichten fast vollkommen auf klassische Pressearbeit.[33] Suche dir dazu Medien, bei denen sich eine gemeinsame Zielgruppe ausmachen lässt, die ein passendes Image haben und ähnliche Werte transportieren. Dir sollte an etwas Besserem als nur Werbeanzeigen gelegen sein. Die alte Art und Weise, sich als Bittsteller bei der Presse vorzustellen, sie ständig mit PR-Mitteilungen zu bombardieren und zu hoffen, irgendwann aufgegriffen zu werden, ist nicht mehr der einzige Weg. Eine Zusammenarbeit auf Augenhöhe, von der beide Parteien profitieren, ist der Bessere.

Und wenn die Presse sich bei dir meldet? Ein genereller Tipp, um die Pressearbeit zu erleichtern, ist es, sich einen digitalen Ordner anzulegen, der mit aktuellen Presseinfos und reprofähigen Bildern von dir und deinem (ggf. freigestellten) Produkt gefüllt ist. Du sparst viel Zeit, wenn du deine Pressinformationen immer auf dem neuesten Stand hast und die Daten zum Beispiel bei Dropbox[34] hochlädst und als Download-Link für die Redaktionen verfügbar machst, sobald du eine Anfrage erhältst. So sprengst du nicht die Kapazitäten von E-Mail-Postfächern, und derjenige, der deine Informationen angefragt hat, erhält einfachen Zugriff auf die gewünschten Daten. Ein spezieller PR-Bereich kann auch auf der eigenen Website sinnvoll sein. So können sich Journalisten die benötigten Infos direkt auf deiner Seite herunterladen. In dem Fall kann es allerdings vorkommen, dass dein Unternehmen oder Produkt von der Presse aufgegriffen wird, du selbst aber nichts davon mitbekommst. Füge dem Ordner mit deinen Informationen also eine Notiz mit deiner Anschrift und E-Mail-Adresse bei, in der du um eine kurze Kontaktaufnahme für die Daten der geplanten Veröffentlichung und um ein Ansichtsexemplar bittest. Benenne die Textdatei mit der Notiz mit »Bitte lesen«. Mach es Journalisten so einfach wie möglich, Kontakt aufzunehmen und deine Arbeit ernst zu nehmen.

STRATEGIE

ZUSAMMENARBEIT: MIT WEM MÖCHTEST DU ARBEITEN?

Als Selbstständiger wird man oft als Einzelkämpfer bezeichnet. Aber wie bereits betont, liegt das Geheimnis einer neuen, freien Arbeitswelt in den vielfältigen Möglichkeiten der kreativen Zusammenarbeit! Die neuen Technologien haben netzwerkartiges Arbeiten ermöglicht. Du kannst, wenn du willst, von der Provinz aus mit der ganzen Welt zusammenarbeiten. Vergiss also den Einzelkämpfer und entdecke die globale Community. Als Unternehmer musst du die bereits vorhandenen Strukturen für dich nutzen – lokal, aber auch international.

Suche dir Enthusiasten

Besser als all seine Erwartungen auf Presseerwähnungen zu setzten, ist es, sich eigenständig um Öffentlichkeit zu bemühen. Du musst dich und dein Unternehmen sichtbar machen, nicht nur weil du etwas verkaufen willst, sondern weil du etwas zu sagen hast. Im Endeffekt ist es wichtig, Menschen für sich und seine Sachen zu begeistern – und wenn man das geschafft hat, dann wird man auch für die Presse interessant. Bemühe dich also darum, deine Arbeit und dein Unternehmen On- und Offline deutlich zu platzieren. Damit das geschieht, brauchst du Verbündete! Wir waren mit unseren Produkten mehrfach in Radio und Fernsehen, haben Printwerbung bekommen, Gastartikel und Kolumnen geschrieben, wurden von jeder bekannten und so manch unbekannten Frauenzeitschrift und Magazinen empfohlen – alles ohne je viel Geld für Werbung ausgegeben zu haben.

Unsere besten Ergebnisse (und damit meinen wir die größte Steigerung der Verkaufszahlen, nicht Steigerung der Bekanntheit) sind weder durch klassische Printwerbung noch mit Online-Advertising erzielt worden, sondern ergaben sich aus der Zusammenarbeit mit einem unabhängigen Netzwerk aus Gleichgesinnten, die sich bereits einen Namen gemacht haben. Sie stupsen ihre Leser/Anhänger und damit potentielle Kundschaft auf dein Angebot und sorgen mit ihrer Verlinkung gleichzeitig für dein besseres Google-Ranking. Zu solchen »Influencern« gehören Blogger, freie Journalisten, YouTube-Stars und alle, die eigene Reichweiten besitzen. Wenn dein Geschäftskonzept besonders originell ist, dann kommen sie von sich aus auf dich zu. Sie genießen bereits das Vertrauen ihrer Anhänger und Leser, so dass ihre Empfehlungen ernst genommen und nicht als bloße Werbung eingestuft werden. Deine Aufgabe ist es, die richtigen Influencer zu finden und sie mit guten Ideen für eine Zusammenarbeit zu gewinnen.

AUFGABE

Recherchiere die 10 wichtigsten Influencer für deinen Bereich und deine Zielgruppe. Mach dir konkrete Gedanken, wie eine gute Zusammenarbeit aussehen kann und nimm den Kontakt auf.

Professionelle Blogger werden ein »Mediakit« haben und verschiedene Preispakete für verschiedene Formen der Erwähnung anbieten. Lass dir für eine Zusammenarbeit etwas Kreatives einfallen und kaufe wenn möglich nicht einfach nur ein Standard-Paket ein. Eine langfristige Zusammenarbeit mit einem Netzwerk von Influencern ist für beiden Seiten fruchtbar und heute eine effektive Art zu werben. Viele Blogger fragen nach der Möglichkeit einer Gewinnverlosung um ihre Leser auf dich aufmerksam zu machen. Tatsächlich kommt es immer gut an, wenn etwas kostenlos ist oder man etwas gewinnen kann. Aber: Es ist nicht unbedingt von Vorteil für dich, wenn andere verschenken, was du verkaufen möchtest. Du musst dich also entscheiden, ob du die Kapazitäten für Verlosungen hast und ob du dadurch wirklich neue Kunden erwarten kannst. Vorsicht: Nicht jeder, der einen Blog schreibt oder sich »Produkttester« nennt, ist relevant für deine Zielgruppe. Als Besitzer eines kleinen Unternehmens kannst du es dir nicht leisten, dein Produkt gedankenlos an jeden zu verschenken. Sei bei der Recherche der relevanten Influencer sehr genau und sieh dir die Inhalte, für die sie stehen, gut an. Strotzt der Blog von irrelevanten Werbeposts? Damenrasierer, Stilles Wasser, Baumärkte etc.? Geld mit einem Blog verdienen zu wollen, bedeutet, gesponserte Inhalte verbreiten zu müssen. Wenn ein Blog oder YouTube Kanal in die Beliebigkeit abdriftet, erwarte dir nicht, dass er für dich besonders viel tun kann. Wenn du für eine Leistung bezahlst, darfst du auch messbare Erfolge erwarten. Nur wenn die Inhalte gut passen und die Umsetzung authentisch ist, ist eine Zusammenarbeit sinnvoll.

Dein zweiter Blick sollte auf die Blog-Reichweite und das Standing in den sozialen Medien gehen. Click-Zahlen, Seitenaufrufe und Follower-Anzahl sind die Kennzahlen, mit denen Influencer für sich werben. Ein Anhaltspunkt, um die tatsächliche Relevanz festzustellen, sind die Interaktionen auf der Seite des Influencers. Wenn er nicht über eine engagierte Anhängerschaft verfügt, haben auch die Follower-Zahlen kaum Bedeutung für dich. Mach dir den Spaß und besuche eine Facebook-Unternehmens-Seite, die über 100 000 Anhänger hat. Bei sehr wenigen wirst du überhaupt ein nennenswertes »Engagement« der vermeintlichen Fans, also eine aktive Interaktion feststellen. Zu der großen Anzahl von Anhängern führte im schlimmsten Fall der Einkauf von Fans über spezielle Agenturen oder Dienste. Wenig Interaktion zeugt von einer desinteressierten Anhängerschaft. Solche Seiten werden dir keine Kunden schicken, sie erregen selbst kaum Interesse. Lieber zwei Verkäufe mehr durch einen kleinen, mit Liebe geführten Blog von einer netten, leidenschaftlichen Person, als keine Verkäufe über einen reichweitenstarken, aber dafür unpersönlichen Blog von jemandem der zwar den Unternehmer in sich entdeckt, aber die Liebe zur eigenen Kunst unterwegs verloren hat.

Wir selbst haben unsere Erfahrungen damit gemacht. Kurz nach dem Start von supercraft, bot eine große Verlagsgruppe uns an, unsere Kits mit in ihren bekannten Newsletter zu nehmen. Wir waren ekstatisch! Über 7 Millionen Empfänger auf der Empfängerliste – wenn nur jeder zehntausendste etwas kauft ...! Von unserem eigenen Newsletter waren wir gewohnt, dass sich nach dem Versenden jedes Mal ein Anstieg in den Verkäufen bemerkbar machte, und wir haben nicht mal einen Bruchteil von 7 Millionen Empfängern auf unserer Liste. Wir haben alles vorbereitet, um den erwarteten Ansturm meistern zu können. Mehr Kits gepackt, alles andere terminlich nach hinten verschoben, die Logistik vorbereitet – und als der große Tag kam, an dem wir in dem Newsletter auftauchen sollten, passierte exakt: nichts. Obwohl wir eine wunderschöne Anzeige in dem Newsletter hatten und am meisten aus den anderen Angeboten hervorstachen, passierte einfach überhaupt nichts. Kein einziger Verkauf konnte über diese Kooperation generiert werden. Und das ist es, was passiert, wenn man Inhalte an eine beliebige Masse von Menschen hinausbläst, die sich weder erinnern können, sich für den Newsletter angemeldet zu haben, noch auf die Inhalte gespannt sind. Es ist nicht schön, aber es lehrt uns etwas: dass man für solche Aktionen die richtigen Partner braucht und das Beliebigkeit keine Wirkung hat.

Geschäftspartner wählen

Das Ausmachen der richtigen Geschäftspartner ist etwas, für das man ein Gespür entwickeln muss. Gesucht wird die klassische Win-Win-Situation. Alle Parteien sollen von einem Deal profitieren und niemand soll von dem anderen abhängig werden oder Nachteile durch die Zusammenarbeit erfahren. Schon alleine aus diesem Grund solltest du dich nie an nur einen mächtigeren Partner oder gar Auftraggeber binden, auch wenn der Deal lukrativ, bombensicher und vielversprechend aussieht.[35] Gerade bei großen Unternehmen ändert sich schnell etwas in der Führungsebene, Budgets werden gekürzt, Etats gestrichen und die nette Zusammenarbeit aus internen Gründen eingestampft.

Besonders zu Beginn deiner Selbstständigkeit werden dir mehr falsche Partner als richtige begegnen. Unsere Erfahrung ist: Am Anfang kommen viele, die zwar etwas von dir wollen, aber selbst nichts anzubieten haben. Die falschen Partner musst du nicht lange suchen, sie kommen meistens von alleine und sie verraten sich in der Regel schnell selbst – und zwar wenn sie dich in Abhängigkeiten zwingen, fragwürdig mit Kundendaten umgehen (zum Beispiel E-Mail-Adressenaustausch), dein Produkt verschenken wollen, ohne es selbst eingekauft zu haben, in irgendeiner Weise ihre Kunden geringschätzen (»Das merken die doch nicht!«) oder dich (»Wir brauchen keinen Vertrag«) oder deine Arbeit (»Leider gibt es kein Budget«). Solche »Partner« bringen dir keine Kundschaft, sondern nur Arbeit. Die falschen kann man nach einiger Zeit sehr einfach erkennen, man muss nur wissen, wie sie sich selbst verraten. Woran aber erkennt man die Richtigen? Daran, dass sie sich, genauso wie du, für das Gelingen des gemeinsamen Projekts zuständig fühlen. Der richtige Partner muss ein Interesse daran haben, einen *gemeinsamen* Mehrwert zu schaffen und auch dementsprechende Leistungen einbringen. Das hört sich selbstverständlich an, es ist aber selten der Fall. Wenn du merkst, dass sich das Kräfteverhältnis verschiebt, dann scheue dich nicht, es zur Sprache zu bringen, damit wieder auf Augenhöhe verhandelt wird. Auch wenn du keine Rechtsabteilung hast, die mit komplizierten Verträgen herumwedeln kann, und du selbst nicht 100 Mitarbeiter beschäftigst – nur weil du kleiner bist, brauchst du dich nicht kleiner fühlen. Wenn es zu einem gemeinsamen Projekt kommt, habe immer einen eigenen Plan für die Zusammenarbeit. Kenne deine Prioritäten und gehe nur Deals ein, von denen dein Geschäft und deine Kundschaft profitieren können. Gehe niemals unvorbereitet in Verhandlungsgespräche, sondern habe eine ganz genaue Vorstellung von den Abläufen der Zusammenarbeit. Besonders wenn das Kräfteverhältnis nicht ausgewogen ist, kann es sonst dazu kommen, dass du dich auf Deals einlässt, die nicht in deinem Sinne sind. Wenn ein Partner Vorstellungen für die Zusammenarbeit hat, zu denen du nur noch Ja und Amen sagen kannst, weil du dich nicht vorbereitet oder einfach keine eigene Idee hast, dann ist es besser, erstmal Nein zu sagen und sich die Zeit zu erbitten, die Sache selbst durchdenken zu können. Die Zeit, in der du die Führung anderen überlassen konntest, ist vorbei. Bewahre deine Unabhängigkeit, indem du eigene Ideen für Kooperationen hast und die richtigen Geschäftspartner wählst. Triff deine Wahl nicht leichtfertig, deine geschäftlichen Beziehungen können über den Erfolg oder Misserfolg deines Unternehmens entscheiden.

Arbeit abgeben

In jedem Unternehmen entsteht schnell ein Tagesgeschäft. Aber wer die ganze Zeit arbeitet, kommt zu nichts anderem mehr. Und das ist, jedenfalls für uns, nicht der Sinn der Sache. Damit du dir zeitliche und gedankliche Freiräume schaffen kannst, ist es nötig, gewisse Tätigkeiten abzugeben. Und das geht auch, ohne Personal einzustellen. Sehr gut zur Auslagerung eignet sich zum Beispiel die klassische Büroarbeit. Büroarbeit ist langweilig und zeitintensiv. Aber nicht für jeden ist administrative Arbeit ein Graus. Es gibt genug Dienstleistungsanbieter, die deine Büroarbeit für dich übernehmen. Bei den meisten Anbietern musst du nur für die Leistung bezahlen, die du auch in Anspruch nimmst. In Zeiten höheren Aufkommens übernimmt der externe Büroservice administrative Tätigkeiten, Briefverkehr, geht ans Telefon und erledigt deine Büroverwaltung. Wenn das Geschäft mal ruhiger ist und du selbst dazu kommst, kannst du den Service einfach aussetzen. Für alles, womit du dich als Gründer nicht beschäftigen möchtest oder nicht beschäftigen kannst, weil du nicht die Möglichkeiten oder keine fachliche Qualifikation hast, gibt es andere, die es können! Wenn du mit Freelancern zusammenarbeiten kannst, honorierst du gleichzeitig die Arbeit von jenen, die auch frei arbeiten möchten und von diesen Aufträge leben.

Über das Auslagern von Routinearbeiten oder besonderer Bereiche, die tiefgehende Fachkenntnisse erfordern, kannst du auch ohne Angestellte professionell arbeiten und wie ein großes Unternehmen agieren, ohne dabei alles selbst können oder machen zu müssen. Das »Gründen mit Komponenten«, wie Günter Faltin diese Praxis nennt[36], hilft dabei, nicht in Routinearbeit unterzugehen, ermöglicht es, fachliche Kompetenzen einzukaufen und sich dafür auf seine eigenen kreativen Stärken zu konzentrieren. Faltin vergleicht den Entrepreneur mit einem Komponisten. Der muss nicht die Geige oder den Kontrabass beherrschen, um das Orchester dirigieren zu können. »Es geht um die Beherrschung des Instrumentariums insgesamt, um die Fähigkeit zur Neukombination, um die Abstimmung und Koordination der einzelnen Instrumente, nicht um die Ausbildung an einzelnen Instrumenten.«[37] Günter Faltin weist darauf hin, dass wir in einer hoch arbeitsteiligen Gesellschaft leben. Wir sollten sie für uns nutzen, um sowohl unsere Zeit mit den richtigen Dingen zu verbringen, als auch unseren Kunden ein professionelles Angebot machen zu können. Es ist ein Irrtum zu glauben, dass man als Gründer alles selbst können muss. Dass man für die Buchhaltung und Rechtsfragen externe Profis engagieren sollte, wissen die meisten. Aber es lassen sich noch viele weitere Bereiche professionell auslagern. Zum Beispiel die Abwicklung von Bestellungen und die gesamte Logistik. Fulfillmentservice-Dienstleister kümmern sich um einen reibungslosen Versand inklusive Verpackung, Konfektionierung und Warenbestandslagerung sowie Retouren. Sehr gut zur professionellen Auslagerung eignen sich folgende Unternehmensbereiche:

- *Büro- und Telefonservice*
- *Design/Grafikdesign*
- *Textlektorat*
- *Webentwicklung und Hosting*
- *Search Marketing und SEO*
- *Produkt-Fullfilment und Logistik*
- *Buchhaltung inklusive Rechnungsverwaltung*
- *Juristische Bereiche*
- *Pop-up-Stores*

In der Lage zu sein, eine einzige Vollzeitstelle zu schaffen und auch langfristig zu gewährleisten, dass sie bestehen bleibt, ist für Gründer, die kein Geld aufgenommen haben, in der Anfangszeit unmöglich. Dein Geschäftskonzept muss es aber in jedem Fall hergeben, dass du dir professionelles »Outsourcing« leisten kannst. Wir selbst organisieren unsere Unternehmen, wie schon in dem Abschnitt »Unsere Geschichte« beschrieben, in dieser Weise und können nicht zuletzt deswegen so viele Projekte gleichzeitig umsetzen, ohne in Arbeit unterzugehen. Gleichzeitig profitieren wir von dem Know-how anderer, indem wir Aufträge an sie vergeben.

Verschiedene Anbieter haben sich inzwischen auf die Zusammenarbeit auch mit kleinen Firmen spezialisiert. Professionelle Hilfe ist heute oft nur einen Klick weit entfernt, die Zusammenarbeit häufig unkompliziert. In der Ressourcenliste findest du entsprechende Links.

PLANEN

Wir haben den Businessplan bis hierhin noch nicht erwähnt, weil er aus unserer Sicht nicht der wichtigste Baustein eines Unternehmens ist. Für gewöhnlich wird ein Businessplan immer dann besonders wichtig, wenn man andere von seinem Geschäftskonzept überzeugen muss. Die Bank, den Sachbearbeiter des Arbeitsamtes, den Investor etc. Aber Künstler planen nicht, sie machen einfach. Bekanntlich gilt: »Planen heißt raten«.[38] Und trotzdem gibt es ein sehr gutes Argument, doch so etwas wie einen Businessplan anzufertigen. Nicht für andere, sondern für sich selbst. Für Unternehmer ist es vernünftig, sich die Potenziale und vor allem die Kosten der Gründung einmal schriftlich zu vergegenwärtigen. Wer seine Zahlen überhaupt nicht kennt, der weiß auch nicht, was er verdienen muss, um von seiner Idee leben zu können. Wieviel Geld muss alleine für den gewohnten Lebensstandard und als Unternehmerlohn eingenommen werden? Welche Fixkosten wie Versicherungen, Mieten, Kosten für Auslagerung von Geschäftsbereichen fallen an? Durch den Businessplan ist man gezwungen, sich mit der Kostenseite zu beschäftigen, sich mit Wettbewerbern auseinanderzusetzen, seine Ziele zu definieren und man bekommt eine Vorstellung davon, welchen Einsatz man langfristig planen

WER SEINE ZAHLEN ÜBERHAUPT NICHT KENNT, DER WEISS AUCH NICHT, WAS ER VERDIENEN MUSS, UM VON SEINER IDEE LEBEN ZU KÖNNEN.

muss. Auch wenn die Zahlen fiktiv und die Annahmen bestenfalls Wunschvorstellungen bleiben, ist ein Businessplan ein hilfreiches Instrument. Aber ein Plan ist nur ein Plan und die Realität verhält sich meistens anders. Man kann schlicht nicht wissen, wie die Menschen da draußen wirklich auf das eigene Produkt reagieren. Daher ist der beste Plan, mit dem Geldverdienen anzufangen, ohne sich zu stark auf einen bestimmten Ablauf im Businessplan zu fixieren. Welche Informationen in einen Businessplan gehören, erfährst du durch eine simple Google-Suche. Allein der Fakt, dass Businesspläne so stark standardisiert sind, zeigt im Grunde, wie unwahrscheinlich ihre genaue Einhaltung ist. Wenn du einen anfertigen willst, behalte im Auge, dass es nicht darum geht, ihn genau abzuarbeiten, sondern darum, Geld zu verdienen und klug zu wirtschaften. Dein Business muss sich in der Realität beweisen, nicht auf dem Papier.

WIE KOMMT DEIN ANGEBOT ZUM KUNDEN?

Nur weil du gute Produkte hast, heißt das nicht, dass sie automatisch den Weg zum Kunden finden. Deine Verkaufskanäle zu bestimmen, gehört zu den ersten Dingen, die du in Angriff nehmen musst. Deine Vertriebsstruktur gehört in dein Geschäftskonzept und sie sollte möglichst kreativ aufgestellt sein. Du musst alles ausprobieren! Vielleicht eignet sich dein Produkt, um es auf Verkaufsmessen oder Märkten zu vertreiben? Zeig dich dort, finde es heraus. Vielleicht hast du ein Produkt für den Einzelhandel? Finde einen unkomplizierten Kooperationspartner und teste den Erfolg. Vielleicht ist reines E-Commerce dein bester Vertriebsweg? Besonders wenn du ein Angebot hast,

> **DEINE VERTRIEBSSTRUKTUR GEHÖRT IN DEIN GESCHÄFTSKONZEPT UND SIE SOLLTE MÖGLICHST KREATIV AUFGESTELLT SEIN. DU MUSST ALLES AUSPROBIEREN!**

das mehrmals im Monat, am besten mehrmals in der Woche oder sogar am Tag in Anspruch genommen werden könnte, eignet sich der Online-Vertrieb. Am besten über die eigene Website mit Online-Shop und gleichzeitig über geeignete Online-Marktplätze. Sie haben den Vorteil, dass sie Menschen anziehen, die bereits eine latente Kaufabsicht mitbringen. Das Internet ist eine riesige Spielwiese, ein Testlabor zur kreativen Marktforschung. Deinen Markt (der Ort, wo dein Angebot auf die richtigen Leute trifft) solltest du kennen und wissen, wie du deine Angebote den Menschen am besten zugänglich machen kannst. Wer sind die Menschen, die deine Produkte nutzen? Welcher Altersgruppe entsprechen sie? Was sind ihre Hobbys? Wo begegnet man ihnen? Spricht dein Angebot ein bestimmtes Geschlecht mehr an? Es nützt dir nichts, wenn du einen starken Instagram-Account hast, wenn viele deiner Kunden diese Foto-App gar nicht aktiv nutzen. Wenn der stationäre Handel wichtig für dich ist, versuchst du es vielleicht mit einem Pop-up-Store.[39] Sie ziehen oft viele Menschen an, weil sie nur temporär sind und sich allein deswegen schon von anderen Geschäften abheben. Exklusivität ist nicht selten ein guter Publikumsmagnet! Ein eigenes Ladengeschäft ist zu Beginn vielleicht zu teuer und die Konditionen des Einzelhandels sind nicht besonders attraktiv.

Seinen Markt zu kennen, impliziert auch die Kenntnis über seine Wettbewerber. Wie groß oder klein ist der Markt? Was kannst du, was sie nicht können? Wo findet man dein Produkt, aber nicht das deiner Konkurrenz? Es gehört zu den ständigen Aufgaben eines Unternehmers, seine Vertriebswege aktiv zu erforschen, selbst welche zu erfinden und dafür den Kontakt zur Zielgruppe zu suchen. Jedes Feedback ist wichtig. Horch auf deine Kunden, setz dich mit ihren Gewohnheiten auseinander. Kümmere dich, dass dein Produkt den richtigen Weg zu ihnen findet. Auch unübliche Wege für den Verkauf können erfolgreich sein. Was du brauchst, ist ein Mix aus allen Möglichkeiten, die sich dir bieten. Vermeide veraltete Strukturen, die zu viele Mitverdiener erforderlich macht. Und falls du doch etwas von deinem Umsatz abgeben musst, dann stelle sicher, dass die »richtigen« daran mitverdienen.

Wir haben uns sehr bewusst gegen den Weg in den Einzelhandel entschieden. Um unseren Kunden den besten Preis machen zu können, vermeiden wir Zwischenhändler, wo immer es geht. Der Online-Vertrieb bietet sich an, denn die aufeinander abgestimmte Produktpalette von supercraft eignet sich sehr gut dafür, selbst bei einem abgeschlossenen Abo, mehrmals die Woche in den Shop zu kommen und etwas für sich zu finden. Außerdem bieten sich zusätzlich andere Online-Marktplätze an, da sie über große Reichweiten verfügen und Angebote an die Zielgruppe streuen und so auch Kunden erreichen, die uns noch nicht kennen. Den Offline-Handel bedienen wir, indem wir auf DIY-Märkte gehen und eine eigene Vertriebsstruktur, die »supercraft Labs« entwickelt haben. Wir konnten Cafés, Co-Working Spaces und Kunden dafür gewinnen, unabhängig organisierte DIY-Abende zu veranstalten, sogenannte »supercraft Labs«, bei denen unsere Kits gekauft werden können, um gemeinsam mit einer losen Gruppe von Abonnenten und DIY-Fans in gemütlicher Atmosphäre zu »supercraften«. Da alles, was benötigt wird, in dem supercraft-Kit steckt, kann man sofort loslegen und muss sich um nichts weiter kümmern. Die Veranstalter von »supercraft Labs« werden an den Verkäufen beteiligt und es entstehen keine großen Unkosten. Für uns ist so sichergestellt, dass »die richtigen« mitverdienen, nämlich Menschen, die das Konzept von supercraft lieben und ihre öffentlichen Räumlichkeiten auf diese Weise mit einem Workshop-Programm bereichern können. Sie teilhaben zu lassen an dem Erfolg unserer Firma, gibt uns nicht nur ein gutes Gefühl, es bringt auch mehr, als beliebige Geschäfte im Einzelhandel zu unattraktiven Konditionen mitverdienen zu lassen. Die könnten nichts für uns tun, außer unsere Ware zu ihren anderen Waren ins Regal zu legen. Mit einem lustigen Bastelabend, an dem das Produkt praktisch ausprobiert wird und alle Beteiligten eine gute Zeit haben, ist das nicht vergleichbar. Selbst wenn der Einzelhandel große Mengen abnehmen würde, hätte das nicht unbedingt einen wünschenswerten Effekt. Man könnte in Abhängigkeiten geraten und muss ständig liefern können, ohne selbst genug daran zu verdienen. Für Großabnehmer muss man gewappnet sein und ein entsprechend kalkuliertes Produkt haben.

Inzwischen finden regelmäßig »supercraft Labs« in verschiedenen Städten in Deutschland statt. Die Labs haben für uns nicht nur einen Marketing- und Vertriebswert, sondern sie fördern gleichzeitig die supercraft Community. Denn sie bringen Menschen zusammen und lassen sie selbst entdecken, welches Erlebnis in supercraft steckt.

Jede Gelegenheit für den Vertrieb ist ein lebenserhaltendes Element für dein Unternehmen. Überlege dir eigene, kreative Wege, um dein Produkt zu deinen Kunden zu bringen.

AUFGABE

Welche Vertriebskanäle kannst du am einfachsten für dich nutzen? In welcher Struktur liegt dein größter Gewinn? Welche Vertriebsstruktur bietet gleichzeitig einen Marketingwert?

DEINE ENTSCHEIDUNGEN GEHÖREN DIR

In der Selbstständigkeit kannst du dich nicht vor Entscheidungen verstecken, sie kommen beinahe täglich auf dich zu. Dein Unternehmenserfolg hängt unmittelbar von deinen Entscheidungen ab. Das hört sich zunächst beängstigend an, ist aber eigentlich eine der schönen Seiten des Unternehmertums. Denn wenn man erst einmal gelernt hat, zu seinen Entscheidungen zu stehen, überfordern sie einen nicht mehr, sondern machen stark!

Die Priorität des Künstlers ist es, sich mit seiner Kunst zu beschäftigen. Die Priorität des Unternehmers ist es, Geld zu verdienen, beziehungsweise keines zu verlieren. Bei der Entscheidungsfindung des kreativen Unternehmers dürfen beide Prioritäten nicht außer Acht gelassen werden. Künstler und Unternehmer wünschen sich nicht immer das Gleiche, aber beide haben besseres zu tun, als viel Zeit mit Unschlüssigkeit zu verbringen. In einer Welt der tausend Möglichkeiten kann man sich nur vorwärts bewegen, indem man Entscheidungen trifft und sich dann konsequent nach ihnen richtet. Das ist der einzige Weg, um sich weder von Reue noch von Unsicherheiten fesseln zu lassen. Wir selbst haben für uns eine einfache,

> **SOBALD ETWAS ENTSCHIEDEN WURDE, MÜSSEN ALLE ANDEREN OPTIONEN AUS DEM KOPF VERSCHWINDEN.**

aber effektive Richtlinie erfunden: Sobald etwas entschieden wurde, müssen alle anderen Optionen aus dem Kopf verschwinden. Das ist der Deal. Wer sich nicht entscheiden kann, muss es trainieren. Wo ist das Problem? Triff eine Entscheidung und vergiss, wieviele Möglichkeiten vorhanden waren. Alles andere ist nicht mehr deine Sorge. Betrachte es als Erleichterung. Lass es los.

Vielleicht kommt man dadurch nicht immer ausnahmslos zur besten Entscheidung, aber im Nachhinein ist das uninteressant. Es ist leichter, mit einer Konsequenz umzugehen, als im Limbo der Optionen zu verharren. Mit der Zeit wirst du dich immer wohler mit deinen Entscheidungen fühlen, denn Entscheidungen treffen zu können, wirkt unheimlich befreiend. Es gilt, seine Konzentration auf das zu richten, *wofür* man sich entschieden hat. Denn das sind die Dinge, die vor einem liegen.

Das soll nicht bedeuten, schnell und unüberlegt zu handeln – es bedeutet, auf seine inneren Kräfte (den Künstler und den Unternehmer) zu vertrauen und nicht nur den einen, den anderen oder gar jemand ganz anderen (die Umstände) entscheiden zu lassen. Entscheiden zu können, bedeutet Macht. Die Macht, etwas ins Rollen zu bringen. Zu langes Grübeln und Abwägen führt auch nicht unbedingt zu einer besseren Entscheidung, aber es führt immer zur erweiterten Unschlüssigkeit. Hätte, wäre, könnte bringt dich nirgendwohin. Gute Entscheidungen sind die, die sowohl deiner Kunst als auch deiner Unabhängigkeit dienen. Die schlechteste Entscheidung ist, gar nichts zu entscheiden und stehen zu bleiben. Wer aufhört zu führen, hört auf zu gestalten. Es ist nicht schlimm, sich zu entscheiden. Es macht meistens mehr Ungemach, es anderen zu überlassen.

WER AUFHÖRT ZU FÜHREN, HÖRT AUF ZU GESTALTEN.

WETTBEWERB

Wenn du gut bist, dann wirst du schnell Wettbewerber haben. Gute Ideen werden nachgeahmt. Oder verschiedene Leute haben sie gleichzeitig. Das passiert häufiger als man denkt. Wenn hingegen niemand tut, was du tust, ist das ein schlechtes Zeichen, denn es bedeutet, niemand außer dir, sieht die Chance am Markt. Vielleicht weil es keine gibt. Dass du wirklich der einzige bist mit einer guten Businessidee, ist sehr unwahrscheinlich. Das ist aber nicht weiter schlimm, denn was die Konkurrenz macht, muss dich nicht nervös machen. Sich darauf zu versteifen, was andere machen, lenkt zu sehr von den eigenen Ideen ab und blockiert vielleicht sogar deine besten, neuen Ideen. Du kannst dich natürlich von nun an auf die

KREATIVITÄT IST DAS EINZIG WIRKSAME MITTEL, UM SICH TROTZ MEHR GELD, MARKETINGMACHT UND WERBEMETHODEN ANDERER DURCHSETZEN ZU KÖNNEN UND TROTZDEM ZU GEWINNEN.

Schritte deiner Wettbewerber konzentrieren und aus Angst, sie könnten dir Kunden stehlen, beginnen, lauter zu werden, billiger zu werden oder haben zu wollen, was sie haben. Oder vor lauter Wut und Furcht dem bösen Kapitalismus die Schuld geben, dass andere bessere Chancen haben, sich am Markt zu behaupten – womöglich mit mehr Geld, mehr Personal und mehr Einfluss. All das ist keine gute Idee. Besser ist es, wenn du dich darüber freuen kannst, dass du unabhängig bist, eigene Ideen hast und dass der Markt größer geworden ist. »Wettbewerb belebt das Geschäft«. Binsenweisheiten haben nicht ohne Grund kein Verfallsdatum – sie stimmen meist einfach. Eine Idee gehört dir nicht, dir gehört nur deine Umsetzung. Und die musst du dir zu Eigen machen, indem du innovativ und hellwach bleibst. Wenn plötzlich mehr Anbieter mitmischen, kannst du es dir nicht leisten, einzuschlafen. Du kannst nicht mehr länger von deiner Einzigartigkeit ausgehen, du musst sie nun auch beweisen. Du hast als kreativer Unternehmer entscheidende Vorteile. Besonders im Wettbewerb zeigt sich, wie gut du sie bereits nutzt: Wie fit ist dein Künstler? Kreativität ist das einzig wirksame Mittel, um sich trotz mehr Geld, Marketingmacht und Werbemethoden anderer durchsetzen zu können und trotzdem zu gewinnen.

»Man muss als Zwerg das tun, was Riesen nicht können«.[40] Die Schwachstelle ist leicht zu identifizieren: Egal, was die Großen anfassen – es sieht am Ende immer aus wie von der Corporate Maschine geschliffen. Was viele Meetings durchlaufen hat und von vielen angefasst wurde, die ihre Arbeit nur als Job verstehen, dem fehlt am Ende das Besondere. Wenn die alte Arbeitswelt auf die neue trifft, wird es besonders deutlich: Sie können keine Kunst schaffen, aber du als kreativer Unternehmer kannst es. Es ist das Privileg des Entrepreneurs, der seine Arbeit als Kunst versteht. Schau dir deine Wettbewerber an, versuche, zu verstehen, was sie besser machen und auch, wo ihre Probleme liegen. Ihre Aktivitäten können deiner Marktforschung nur nützlich sein. Aber beschäftige dich nicht übergebührend mit ihnen. Behandele sie nicht wie Gegner. Wenn die Nische nicht zu klein ist, können auch mehrere Anbieter am Markt bestehen, ohne sich gegenseitig zu schaden. Manchmal kann es sogar sinnvoll sein, den Kontakt und die Zusammenarbeit zu suchen. Das gilt nicht unbedingt für die direkte Konkurrenz, aber wir sind ähnlichen Wettbewerbern gegenüber immer sehr offen. Hier zählt dein unternehmerisches Selbstbewusstsein. Wenn sich eine Zusammenarbeit anbietet, warum nicht? Es lohnt sich, es zu wiederholen: Die Chancen der neuen Arbeitswelt liegen in der Zusammenarbeit. Je besser wir das alle verstanden haben, desto erfolgreicher werden wir sein können.

EIN NEUES VERSTÄNDNIS VON WACHSTUM

Wenn man seine Idee zu einem erfolgreichen Konzept machen konnte, und der unternehmerische Alltag zeigt, dass sich das eigene Geschäftsmodell trägt, muss man sich irgendwann Gedanken machen, wohin man sich entwickeln möchte. Viele denken bei dem Begriff Wachstum an steigende Umsätze und den Ausbau von Unternehmensstrukturen, also an Quantität. Größe und schnelles Wachstum wirken für viele immer noch beeindruckend, aber für den Erfolg deines Unternehmens kann das vollkommen unerheblich sein. Warum nur nach außen hin wachsen, wenn eigentlich das persönliche Wachstum dein Leben reicher macht? Hier können wir von unserem Künstler lernen. Er versteht Wachstum als eine qualitative Weiterentwicklung.

Der Glaube, dass ein Unternehmen nur erfolgreich sein kann, wenn es das nachmacht, was Start-ups den Konzernen nachmachen – nämlich nicht nur Wirtschaftspraktiken zu kopieren, sondern schnell auch die Unternehmensstrukturen –, führt weder zu einer besseren Wirtschaft noch zu »New Work«, noch zu mehr Freiheit. Wenige neu gegründete Unternehmen geben sich noch die Zeit, auf ein »Idealgewicht« zu wachsen, weil sie zu früh zu viel Geld aufnehmen und so die Gewinnmaximierung zum hauptsächlichen Unternehmensziel wird. Welche Form des Wachstums ist aber für das persönliche Leben erstrebenswert? Wieder schießt uns die Lehre aus Erich Fromms Werk ins Gedächtnis: Will ich mehr haben oder will ich mehr sein?

Auch Günter Faltin spricht in *Wir sind das Kapital* in Anlehnung an Fromm von einem notwendigen »Übergang vom Haben- in den Seins-Modus«. Vieles deutet darauf hin, dass ein Streben nach mehr künstlichem Wachstum, mehr passivem

Konsum, mehr materiellem Wohlstand weder die Wirtschaft besser macht noch zu einer kultivierteren Gesellschaft führt. Mit der Entscheidung, kreativer Unternehmer zu sein, kannst du diesen Entwicklungen aktiv und auf persönliche Weise begegnen. Kreatives Unternehmertum ist nicht nur die Befreiung aus der Fremdbestimmung und Abhängigkeit von einem Arbeitsplatz, es ist auch die Befreiung vom allgegenwärtigen Wachstumsdiktat und einer Wirtschaft, die den Künstler in uns allen ausrangiert hat. Wären wir nicht verrückt, gar nichts dagegen zu unternehmen? Wir alle möchten doch etwas tun, das uns entspricht. Wenn die Wirtschaft darauf keine Rücksicht nimmt, dann müssen wir sie eigenmächtig umbauen. An dieser Stelle bietet sich uns allen eine Chance von potenziell riesiger Tragweite: Eine menschlichere Wirtschaft und Arbeitswelt zu gestalten, indem wir uns dafür entscheiden, mehr zu sein als nur mehr zu haben. In der Vergangenheit wäre das unmöglich gewesen. Unternehmertum dafür zu nutzen, die Welt vom Überfluss zu befreien? Der Wohlstand, den wir in unserer Gesellschaft erarbeitet haben, ist doch aus dem Konzept des Industriezeitalters erst hervorgegangen, werden viele einwenden. Sich mehr leisten zu können (mehr zu haben), war in der Vergangenheit eine klare Verbesserung individueller Lebensstandards. Aber heute stehen wir vor anderen Herausforderungen. Wir leiden hierzulande keinen materiellen Mangel mehr. Unser Lebensglück hängt nicht an dem Besitz eines Kühlschranks oder Fernsehers, wir empfinden eine gewisse Ausstattung sogar als »normal«. An den Wohlstand haben wir uns gewöhnt. Ein erneuter Entwicklungssprung wird nötig. Wenn einzig Profit das unternehmerische Handeln diktiert, dann kann Unternehmertum seine sozialen Komponenten im Sinne der Menschen und Natur nicht zur Geltung bringen. Der Gewinn für den Unternehmer im Zeitalter der Fabrik war es zu erkennen, welche Form des Wachstums die Bevölkerung wohlständiger machte. Dein Gewinn als moderner Unternehmer ist es, zu erkennen, in welcher Form Wachstum für die heutige Gesellschaft möglich, nötig und sinnvoll ist. Während in der Wirtschaft immer noch die alten Gesetze von Profitmaximierung gelten, kannst du als kreativer Unternehmer zu einem eigenen Verständnis von Wachstum kommen und deine Idee von einer modernen Gesellschaft kultivieren. Während auch die meisten jungen Unternehmen sich noch den alten Praktiken unterwerfen, ist eine Bewegung entstanden, die zeigt, dass es auch anders geht.

Unternehmen müssen Gewinne abwerfen. Sonst funktioniert das Geschäftsmodell nicht. Aber es ist nicht nötig Gewinne, zu maximieren. Günter Faltin weist vehement darauf hin, dass die Welt nicht besser wird, wenn wir sie »Gewinnmaximierern« überlassen.[41] Selbstverständlich hat er recht. Wir alle wissen es. Aber wo liegt unsere eigene Zuständigkeit in der Frage? Es ist keine Neuigkeit, dass exponentielles Wachstum immer eine Ausbeutung von Ressourcen bedeutet. Sei es Raubbau am Planeten und seinen Rohstoffen oder Ausbeutung von Arbeitskraft – Gewinnmaximierung fördert eine Wirtschaft, die immer zu Lasten der Natur, der Tiere und der Menschen geht. Ist es das, was wir wollen, wenn wir nach mehr Unternehmertum rufen? Sicher nicht. Wirtschaft kann besser gestaltet werden. Wir wollen nicht moralisieren, aber es ist wichtig, zu wissen, dass wir durch unsere Lebensweise, und als Unternehmer, auch durch unsere Unternehmensführung eine Wahl treffen können, welche Entwicklungen in der Welt wir aktiv unterstützen möchten. Wenn du dein Unternehmen aufbaust, in welche Richtung möchtest du es entwickeln? Für wen soll es sich lohnen? Welche Arbeitskultur möchtest du gestalten? Wessen Profit möchtest du steigern? Sofern du Investoren an Bord holst, wirst du den Druck des Profitmachens vom ersten Tag an spüren. Viele meinen, das Wirtschaftssystem sei einzig und allein darauf ausgerichtet, zu wachsen. Man wäre sonst chancenlos gegenüber Wettbewerbern. Man könne dem Druck nicht standhalten. Aber tatsächlich geht es auch anders. Indem man sich dem Druck gar nicht erst hingibt. Ein Produkt des folgenden Unternehmens hängt vielleicht auch in deinem Kleiderschrank. Der Outdoor-Bekleidungs-Hersteller Patagonia macht es vor. Obwohl die Firma seit der Gründung 1972 zu einem der größten Anbieter für Outdoor-Bekleidung gewachsen ist, wird das Unternehmen weiterhin privat geführt. Daher muss das Unternehmen sich auch nicht nach Aktionären richten und nicht dem Diktat der Gewinnmaximierung folgen. Um ihre Unabhängigkeit zu bewahren, »wachsen und verschulden« sie sich »in bescheidenem Maße«, wie auf der Homepage zu lesen ist.[42] Patagonia ist eines der wenigen bereits bestehenden sogenannten Benefit Corporations. »B Corps« sind besonders sozial ausgerichtete Unternehmen, denen soziale und ökologische Ziele wichtiger sind als reine Profitorientierung. Sie erhalten ein Gütesiegel, das in etwa wie ein Fair-Trade-Siegel für das gesamte Unternehmen zu verstehen ist.[43] Dafür müssen sie strengen Richtlinien genügen und sich zu bestimmten Werten verpflichten. Die Idee der Benefit Corporations stammt aus den USA und gilt als aufkeimende Wirtschaftsbewegung für eine bessere Welt. Der Preis der reinen Profitorientierung lässt sich mit dem Idealismus von besonderen Unternehmen und ihren sozialen und ökologischen Werten nicht vereinbaren. Und trotzdem setzte B Corp Patagonia zwischen 2011 und 2012 insgesamt 540 Millionen US-Dollar um[44] und hat in den letzten Jahren gezeigt, dass Gewinnmaximierung und Wachstum nicht mehr das Hauptziel eines Unternehmens sein müssen und unternehmerischer Erfolg auch im Einklang mit nachhaltigen Werten möglich ist. Auch in Deutschland gibt es inzwischen eine Handvoll Unternehmen, die das Siegel mit Stolz tragen.[45]

Schön und gut, wirst du vielleicht denken, aber was hat das mit mir zu tun? Ganz einfach: Du kannst nicht weniger als eine bessere Welt gestalten, indem du unternehmerisch tätig wirst. Was für eine fantastische Idee, wenn man sich einmal darauf einlässt. Es ist eine neue Bewegung im Gange und du kannst Teil davon sein – auch ohne Zertifikat! Du kannst den Markt mitgestalten. Es ist wichtig, sich das zu vergegenwärtigen. Wie wäre es, wenn dein Wachstumsziel nicht die Expansion ist, sondern eine neue Qualität? Modernes Unternehmertum ist heute ein kraftvolles Werkzeug, um die Welt tatsächlich zu verändern. Während schnelle Expansion fast immer nur mit viel (fremdem) Geld möglich ist, hängt qualitatives Wachstum maßgeblich von deinen Werten als Gründer ab. Immer wieder zeigt sich, dass der herkömmliche Weg nicht mehr unbedingt der Richtige ist. Und schon gar nicht der Einzige. Man kann ein Unternehmen durchaus mit gesundem Menschenverstand aufbauen, führen und seinen menschlichen Idealen treu bleiben. Es gibt keinen Zwang zur reinen Profitorientierung. Du musst wissen, wohin du dich entwickeln willst und darfst es wagen, bestehende Gesetzmäßigkeiten infrage zu stellen. Hier ist deine Chance, ein aktiver Teil des positiven Wandels in der Wirtschaft zu werden. Auch das ist Teil deiner Freiheit. Glaub nicht, dass es auf deine menschlichen Ideale nicht ankommt. Tatsächlich kommt es nur auf sie an.

AUFGABE

Welchen Idealen folgt deine Unternehmensgründung? Was bedeutet Wachstum für dich?

DU ALS UNTERNEHMER

UNTERNEHMERISCHES SELBSTBEWUSSTEIN BILDEN

»No one is going to pick you.
Pick yourself.«

Seth Godin

Dies ist ein wichtiges Kapitel, vielleicht sogar das Wichtigste. Denn mit deinem unternehmerischen Selbstbewusstsein stehen und fallen deine Zufriedenheit, dein Erfolgsgefühl und deine Gelassenheit als kreativer Unternehmer.

Das allgegenwärtige Versprechen ist: Wir können alles sein, wenn wir uns nur anstrengen. Überall hören wir: Wenn du noch dies und jenes lernst, wirst du dazu gehören, wenn du so und so bist, wirst du es schaffen, erst wenn du besser wirst und dich so verhältst wie die, die es vermeintlich geschafft haben, beginnt dein bestes Leben. Die Beratungsbrache boomt, denn wir suchen bei allem nach einer Anleitung. Besser leben, erfolgreich sein, robuste Gesundheit, mehr Geld, mehr Freizeit, strafferer Hintern, aufregenderer Sex, ein besserer Job. Strategien für ein gelungenes Leben, die wir irgendwo einkaufen können und für die wir nur hier und da ein bisschen an uns schrauben müssen. Selbstoptimierung nicht um wirklich besser zu leben, sondern als Ausdruck der verzweifelten Suche nach einem anderen Leben.

Könnte es aber sein, dass es nicht der richtige Weg ist, von sich als einem anderen Menschen auszugehen, sondern besser von dem Menschen, der man wirklich ist? Dass man nur frei sein kann, wenn man es versteht, mehr aus dem zu machen, der man schon ist, und nicht wenn man krampfhaft versucht, jemand anderes zu sein? »Um ein kreatives Leben zu führen, müssen wir die Furcht davor ablegen, falsch zu liegen«[46]. Diese Furchtlosigkeit und ein entsprechendes unternehmerisches Selbstbewusstsein helfen dabei, sich einerseits vom Anpassungsdruck befreien zu können und andererseits vor Selbstausbeutung zu beschützen. In der beruflichen Selbstständigkeit liegt nicht nur die Chance, von den eigenen Ideen leben zu können.

> **DU MUSST AUSBAUEN, WAS DU GUT KANNST, ANSTATT DICH DARAUF ZU VERSTEIFEN, WAS DIR NOCH FEHLT.**

Sie macht uns auch generell zu selbstständigeren Menschen. Als Unternehmer durchläuft man eine wahre Verwandlung: hin zu größerer Gestaltungsmacht, mehr Unabhängigkeit, stärkerer Entscheidungskompetenz und wirtschaftlicher Mündigkeit. Wer sich unternehmerischen Erfolg verdient, ist nicht selten stärker belastbar, sicherer in seinem Tun und weniger beeinflusst vom allgegenwärtigen Anpassungsdruck des Mainstreams. Wer mit seinem eigenen Tun zufrieden ist und in seiner unternehmerischen Aufgabe aufgeht, der schaut weniger auf andere und der braucht auch keine Ersatzbefriedigung mehr als ständigen Ausgleich oder gar Flucht von der Arbeit. Der ist mit seinem Weg und seiner Entwicklung beschäftigt, und weniger damit, irgendwelchen Trends hinterherzulaufen. Er entwickelt sich von einer hauptsächlich konsumierenden Lebensweise hin zu einer gestalterischen Lebensweise. Damit die Verwandlung vom Konsumenten zum Gestalter glückt, muss zu allererst in dir selbst etwas passieren: die Besinnung auf deine eigenen kreativen Kräfte. Du musst ausbauen, was du gut kannst, anstatt dich darauf zu versteifen, was dir noch fehlt. Für alles, was dir fehlt, suche dir jemanden, der es hat, anstatt darüber zu verzweifeln, alles selbst können zu müssen.

Soll heißen: Als kreativer Unternehmer musst du beginnen, etwas aus dir selbst zu machen. »Etwas aus sich machen« wird gesellschaftlich immer noch mit »Karriere machen« gleichgesetzt. Dabei bedeutet eine klassische »Karriere« in den allermeisten Fällen leider nur eins: im Grunde überhaupt nichts aus *sich* und seinen Ideen machen zu können, sondern – im Gegenteil –, es bedeutet oft, sein Leben der Karriere unterordnen zu müssen. Die Konsequenz etwas aus sich zu machen, müsste eigentlich bedeuten, sich selbst zu verwirklichen, individuell zu sein und individuell zu leben. Wer frei sein will, muss sich von gängigen Karrierevorstellungen lösen und unternehmerisches Selbstbewusstsein bilden. Hier geht es gerade nicht darum, sich zu verstellen um etwas zu erreichen, sondern sich treu zu bleiben um etwas Eigenes zu gestalten! Das ganze Leben verändert sich, wenn man begonnen hat, seine Ideen zu verwirklichen. Das ist keine Übertreibung. Kreative Arbeit im eigenen Unternehmen verlangt viel von der eigenen Persönlichkeit. Man arbeitet nicht nur unternehmerisch, man *ist* Unternehmer. Auch ein Künstler muss keine Laufbahn absolvieren, er kann einfach Künstler sein, wenn er sich dazu entscheidet und er legt es nicht ab, wenn er den Stift fallen lässt, den Pinsel weglegt oder die Gitarre beiseite stellt.

LOB UND SICHERHEIT

Als kreativer Unternehmer kannst du vieles von dem wieder vergessen, was du in der konventionellen Angestelltenwelt lernen musstest. Nicht umsonst machen starke unternehmerische Persönlichkeiten selten klassische Karrieren. Sie halten es dort einfach nicht aus. Eigene Ideen? Überholte Regeln infrage stellen? Mehr wollen als im Angebot ist? Selbst gestalten? Nein sagen, wenn ein Ja verlangt wird? Das ist dort nicht dein Job. Bis auf eine einzige Disziplin, ist deine Konditionierung aus der Festanstellung in der Freiheit nicht sonderlich brauchbar: die Selbstverständlichkeit, jeden Tag an die Arbeit zu gehen. Aber ab jetzt fehlt dir das feste Gerüst, das deine Bahnen in der abhängigen Beschäftigung gelenkt hat. Zum Unternehmertum gehört, dass du erkennen und annehmen musst, dass besonders drei Dinge für dich nicht mehr selbstverständlich sein werden. Dinge, von denen man in der Festanstellung ständig zehrt: Lob, Anleitung und Sicherheit. Glaubt man verschiedenen Studien[47], sind Anerkennung, Anleitung und Sicherheit überaus wichtige Wünsche für die Zufriedenheit am Arbeitsplatz. Wir möchten von unserem Chef gesehen werden. Wir brauchen Motivation. Wir wollen angeleitet werden, und manch einem ist Sicherheit gar wichtiger als Selbstbestimmung.[48] In der Selbstständigkeit gibt es aber keinen Chef, im Zweifel auch kein Team, das dir bestätigt, wie gut du deine Arbeit machst oder dir Chancen für den Aufstieg bereitet.

Ein Job trainiert uns auf unmittelbare Belohnung für die erbrachte Arbeitsleistung: Ich arbeite für mein Gehalt, wenn ich mehr tue, dann bekomme ich etwas dafür in Aussicht gestellt – so ist unsere gesamte Arbeitswelt organisiert. Zur Selbstständigkeit gehört es, diese Konditionierung wieder abzulegen. Als Unternehmer muss man verstanden haben, dass nicht jeder Handschlag Anerkennung in Form von Lob oder Geld findet.[49] Den Wunsch nach einem netten Chef, der endlich erkennt, wie talentiert man wirklich ist, kann man begraben – zusammen mit der Gewohnheit zu glauben, es stünde einem etwas mehr für jede Arbeitsstunde zu, die man zusätzlich abgeleistet hat. Aber: Bevor wir uns jetzt alle wieder einen Job suchen, dürfen wir nicht vergessen, dass Unternehmertum ganz andere Gratifikationen bereithält. Auf Anerkennung, Führung und Sicherheit brauchst du aber auch dann nicht zu verzichten. Nur wird deine Anerkennung woanders herkommen, dich dein eigener Kompass leiten und du musst sicher mit dir selbst werden.

Dein Lob wird in der Tatsache bestehen, dass jemand bereit ist, Geld für deine Arbeit auszugeben, und die schönste Belohnung ist der eigene unabhängige Lebensstil. Es geht nicht mehr darum, Lob von oben einzuheimsen. Du brauchst kein Schulterklopfen vom Chef, keine Beförderung, keine »Incentives«. Deine größte Anerkennung kommt von deinen Kunden, wenn sich dein Geschäftsmodell als tragfähig erweist. Außerdem hast du die Chance mit Menschen zusammenzuarbeiten, die deine Werte teilen. Ein fruchtbares Netzwerk aus Freunden und anderen Entrepreneuren, und die gegenseitige Wertschätzung, bewirkt ebenso, dass man sich wahrgenommen fühlt und Hilfestellungen in der Selbstführung erhält.

FREI IST MAN ERST, WENN MAN NICHT MEHR NUR NACH LOB UND ANERKENNUNG SUCHT, SONDERN ARBEITET, UM SEINER SELBST GERECHT ZU WERDEN.

Frei ist man erst, wenn man nicht mehr nur nach Lob und Anerkennung sucht, sondern arbeitet, um seiner selbst gerecht zu werden. Dazu musst du wissen, welches Leben du willst und welches Lob dir etwas bedeutet.

Aber wie steht es um die Sicherheit? Ist nicht Sicherheit etwas, von dem es nur vernünftig ist, danach zu streben? Sicherheit ist, nüchtern betrachtet, immer relativ, und doch fühlen sich die meisten Angestellten sichererer als viele Selbstständige. Sie fühlen sich zwar sicher in ihrer vertraglich geregelten Ausgangslage, aber sie sind nicht sicher mit sich selbst. Sonst wäre Sicherheit nicht so ein großes Thema! Jeder, der mehr kann als ihm von neun bis fünf abverlangt wird, würde sein Können selbstständig einbringen, wenn er nicht so unsicher wäre. Jedenfalls würden dann nicht so viele in Unkenntnis ihrer Talente leben und einer Arbeit nachgehen, die sie zwar einigermaßen absichert, aber ihnen ansonsten nichts bedeutet. Die Angewohnheit bei der Arbeit nach Lob, Sicherheit und Anleitung zu suchen, ist normal. Sie ist ein Resultat der Anpassung an ein System, das uns unsere Träume für ein Taschengeld[50] abkauft und immer wieder vorgibt, welche Lebensweise die gefahrlose ist. Die abhängige Beschäftigung gilt als Errungenschaft und tatsächlich: Sie ist eine vorhersehbare Wette, ein relativ sicheres Geschäft. Aber das Streben nach Anerkennung, Anleitung und Sicherheit macht uns abhängiger als wir sind. Künstler wissen es und Unternehmer wissen es. Sie erringen lieber ihre Freiheit. Sie suchen nach Herausforderungen, nicht nach Sicherheiten[51] und sie brauchen weder eine Anleitung noch eine Erlaubnis von anderen. Was können wir von ihnen lernen, um selbstständig erfolgreich zu sein? Dass wir mit der Arbeit beginnen müssen, um sicherer zu werden, anstatt Absicherung zu verlangen, um beginnen zu können. Alles, was die persönliche Komfortzone nicht verschiebt, hat auch keinen Wert für die persönliche und berufliche Weiterentwicklung. Wir müssen, wie jeder Künstler, der seine Arbeit ernst nimmt, trotz unseres Lampenfiebers auf die Bühne. Tatsächlich ist ein gewisses Maß an Sicherheitsgefühl erstrebenswert. Aber für den Unternehmer gibt es nur *eine* Sicherheit. Und das ist die Selbstsicherheit. Und die kann nur größer werden, wenn wir uns zutrauen, auf unsere eigenen Fähigkeiten zu bauen. Zwar ist auch dieses Selbstbewusstsein keine Garantie für den sicheren Erfolg, aber man ist der Unabhängigkeit ein großes Stück näher gekommen. Als Unternehmer müssen wir lernen, ohne Anleitung zu arbeiten.

ARBEITEN OHNE ANLEITUNG

Ein Kriterium, das viele an der Selbstständigkeit mögen, ist es, nicht an Weisungen gebunden zu sein. Das macht aber immer dann Probleme, wenn man nicht weiß, was man tun soll.

Es ist ein bisschen wie beim Autofahren. Selbst zu steuern, ist immer dann schön, wenn man seinen Weg kennt und den Wagen beherrscht. Wer selbstständig arbeiten will, der muss seinen Weg kennen und auch noch in der Lage sein, zu steuern. Ab jetzt kannst du deine Arbeit nicht mehr wie einen beliebigen Job behandeln. Es ist als ob das Universum dir täglich sagt: »Du hast gesagt, du willst etwas Eigenes machen, nun kümmere dich auch darum.« Du musst also die Verantwortung übernehmen für dich und deine Arbeit. Nicht nur das Lenkrad ist in deiner Hand, auch Gas und Bremse sind jetzt unter deinem Fuß. Du musst wissen, wann es richtig ist, sie zu betätigen. Wenn du keine Führung übernimmst, wirst du schnell merken, dass die Arbeit keine Rücksicht nimmt auf Wochenenden. Oder Urlaubszeit. Schon gar nicht auf die übliche 38-Stunden-Woche und auch nicht auf Befindlichkeiten. Die Arbeit steht vor der Tür und sagt: »Hey, ich will getan werden, mich interessiert es nicht, ob du dafür bezahlt wirst oder nicht, denk dir was aus, jetzt bin ich da!«

Von nun an bist du nicht nur dein eigener Chef, sondern auch dein eigener Feel-Good-Manager, Work-Life-Balancierer, musst mit Kritik umgehen und dein eigener Entwicklungshelfer sein. Wenn du nicht führen kannst, kannst auch nicht selbstständig sein und umgekehrt. Das hört sich hart an, aber es wird nachvollziehbar, wenn man sich mit den Realitäten der Selbstständigkeit konfrontiert. Diese Realität schert sich nicht um deine Konditionierung auf Anleitung, Lob und Sicherheit. Aber sie honoriert es, wenn du dich kompromisslos deiner Kreativität bedienst. Zur Selbstbestimmung gehört eine Portion Eigensinn. Wer nicht entscheiden kann oder zu zaghaft agiert, wer keine Richtung einschlägt, oder immer aus Angst, irgendetwas falsch zu machen, bremst, der wird von Zwängen und Umständen geführt werden. Und das kann in der Selbstständigkeit noch unangenehmer sein als in der Festanstellung. Wir erinnern uns: Wer aufhört zu führen, hört auf zu gestalten. Selbstführung bedeutet, sich mit den Realitäten auseinanderzusetzen und selbst navigieren zu können. Dazu brauchst du Vertrauen. In dich selbst und in deine Kunst. Lösungsorientierung ist wichtiger als Perfektion. Während viele praktische Elemente eines Unternehmens delegiert werden können, gehören Kreativität und Führung zu den Aufgaben, für die du zuständig bleibst. Du musst nicht nur in der Lage sein, dich selbst zu führen, auch Kunden wollen geführt werden. Es ist nicht ihre Aufgabe, sich mit den Details deines Angebots zu beschäftigen. Für sie ist nur der Nutzen interessant. Es ist deine Aufgabe, ihnen ein lohnendes Angebot zu machen, anstatt sie zu fragen, was sie denn gerne hätten. Das wird dir spätestens dann auffallen, wenn du es versäumt hast, die Führung zu übernehmen. Dann werden sie immer genau das haben wollen, was du nicht kannst oder willst. Andere Farbe, andere Ausführung, geht es etwas billiger, warum gibt es das nicht auch für Kinder, größer, kleiner, ohne dies, aber mit jenem? Die Liste kann beliebig weitergeführt werden. Erspare dir den Ärger, indem du Führung übernimmst und für Produktklarheit sorgst und dies nicht deinem Kunden überlässt. Er möchte durch dein Produkt eine Lösung von dir haben und sie sich nicht selbst ausdenken müssen. Das ist dein Job.

> **WÄHREND VIELE PRAKTISCHE ELEMENTE EINES UNTERNEHMENS DELEGIERT WERDEN KÖNNEN, GEHÖREN KREATIVITÄT UND FÜHRUNG ZU DEN AUFGABEN, FÜR DIE DU ZUSTÄNDIG BLEIBST.**

Als nächstes wirst du merken: Die ganze Branche benötigt Führung. Oder sie wird von mittelmäßigem Produktmüll dominiert. Mitarbeiter, Partner, Dienstleister – alle suchen nach Führung. Wenn man beginnt, darauf zu achten, ist es geradezu erschreckend, wie sehr sich alle um die Führung drücken und lieber jede Verantwortung abgeben. Es ist, als würden alle ständig darauf warten, dass jemand ihnen sagt, was sie nun tun sollen. Für dich bedeutet das eine große Chance. Die Menschen sind dankbar für Führung! Um diese Chance wahrzunehmen, musst du inspiriert sein. Von dem, was du tust, und der Welt um dich herum. Mit Interesse an den Menschen und der Lust zur Gestaltung. Aber auch die Verantwortung, voran zu gehen gehört dazu. Man muss Mitarbeiter, Kunden und Geschäftspartner mitnehmen können, im besten Fall sogar begeistern. Auch wenn man kein extrovertierter Entertainer ist. Der Dalai Lama ist auch niemand, der sich in den Mittelpunkt drängt und trotzdem sind die Menschen überall auf der Welt von ihm inspiriert.

Gute Führung hat nichts mehr mit Hierarchien oder strengem Diktat zu tun. Diese Vorstellungen sind antiquiert und die Ratgeberlektüre überschlägt sich förmlich mit modernen Theorien der Führung. Dabei muss man nur mal das Büro verlassen, um zu sehen, was gute Führung bedeutet. Die bewundernswerten Leader der Geschichte haben eines gemeinsam: Empathie. Sie glaubten an den Menschen und seine selbstständigen Kräfte. Wer in der Lage ist, Menschen in ihrem Erkenntnisgewinn und in ihrer Eigenverantwortung zu unterstützen, verfügt über Führungsqualitäten, gleich welche Position er in einer künstlichen Hierarchie einnimmt.

AUFGABE

Das tägliche Leben gibt uns genug Situationen, in denen es nötig wird, Führung zu übernehmen. Du kannst also in deinem Alltag üben. Immer wenn du wahrnimmst, dass es keine klare Richtung gibt, oder etwas nicht vorangeht, kannst du die Chance ergreifen, Führung zu übernehmen. Die Menschen werden es dir danken und du schulst gleichzeitig deine Fähigkeit, dich selbst zu führen.

ANTRIEB

ENTHUSIASMUS ALS TREIBSTOFF

»Because in the end, you won't remember the time you spent working in the office or mowing your lawn. Climb that goddamn mountain.«

Jack Kerouac

Wie schafft man es, sich täglich für seine Arbeit zu motivieren, wenn niemand den Stundenplan vorgibt? Kreatives Unternehmertum nährt sich aus zwei Dingen: Kreativität und Enthusiasmus. Während man die Kreativität nicht herbeizwingen kann, ist Enthusiasmus Einstellungssache. Generell schadet es überhaupt nicht, enthusiastisch und mit einer großen Portion Idealismus ans Werk zu gehen. Im Gegenteil! Enthusiasmus ist ansteckend, wir sollten zusehen, dass wir möglichst viele mit dieser wundervollen Energie anstecken.

> KREATIVES UNTERNEHMERTUM NÄHRT SICH AUS ZWEI DINGEN: KREATIVITÄT UND ENTHUSIASMUS. WÄHREND MAN DIE KREATIVITÄT NICHT HERBEIZWINGEN KANN, IST ENTHUSIASMUS EINSTELLUNGSSACHE.

Das Schöne am Enthusiasmus ist, dass er – anders als eine Leidenschaft –, nicht eingeschränkt ist. Leidenschaften sind speziell, Enthusiasmus ist eine prinzipielle Angelegenheit. Man muss sich nur darauf einschwören. Man kann mit großem Enthusiasmus an seine Steuererklärung gehen, während man eine echte Leidenschaft dafür entweder hat oder eben nicht hat. Enthusiasmus für seine Sache zu besitzen, ist also im Zweifel effektiver als Leidenschaft. Leidenschaften können einen auch fertig machen, aber enthusiastisch zu sein, wirkt belebend! Günter Faltin berichtet, wie er für die Gründung der Teekampagne einen regelrechten »Teeblick«[52] bekam, weil er sich neugierig und enthusiastisch damit beschäftige, wie man den Tee-Import und -handel verbessern könnte, und weil er von nun an alles, was mit Tee und Teehandel zu tun hatte, wissen wollte. Heute ist Faltins Teekampagne der weltweit größte Importeur für Darjeeling-Tee. Nebenbei zeigte er der gesamten Branche, wie die Tee-Wirtschaft nachhaltiger, hochwertiger und preiswerter funktioniert.[53] Tee war nie seine besondere Leidenschaft, er ist Kaffeetrinker.[54] Wir könnten neben unserer anderen Arbeit nicht auch noch dieses Buch hier schreiben, wenn Unternehmertum uns nicht so begeistern würde, dass wir dir davon erzählen möchten. Ohne Enthusiasmus kein Buch. Ohne Enthusiasmus kein inspirierendes Unternehmen. Und ohne Enthusiasmus keine Bewegung. Kultiviere deine Begeisterungsfähigkeit. Sie macht dich zum Selbstzünder, zum Möglichmacher und sie wird dir dabei helfen, immer neuen Zugang zu deiner Kreativität zu erhalten. Enthusiasmus bedeutet auch »Tatkraft« und »Dynamik«. Und das ist die besondere Energie, die du brauchst, um selbstständig erfolgreich zu sein.

TÄGLICHE MOTIVATION

Wer sich ständig mühsam zu etwas motivieren muss, der sollte der Tatsache ins Auge blicken, dass er vielleicht nicht das Richtige tut. Oder zwar das Richtige, aber unter falschen Bedingungen. Hier bietet sich eine Analogie aus dem Sport an: Viele Menschen beginnen mit dem Laufsport, weil sie abnehmen wollen. Oder weil sie bei einem Volkslauf teilnehmen wollen. Oder weil sie meinen, sie müssten sich mehr bewegen. All das sind legitime Gründe. Aber sie vernachlässigen einen für die Motivation entscheidenden Faktor: dass der Akt des Laufens wichtiger ist als das Ziel, schlanker zu sein, eine Medaille zu gewinnen oder weniger zu sitzen. Das Laufen selbst ist die Belohnung und ein Ziel in sich selbst. »Das Laufen [...] hat einen inneren Wert«, schreibt der englische Autor, Philosoph und Langstreckenläufer Mark Rowlands.[55] Wer laufen geht, um zu laufen, der ist bereits durch das Laufen selbst motiviert. Aber wer laufen geht, um abzunehmen, der wird sich ständig aufs Neue überreden müssen. Daher ist für die meisten Leute das Laufen auch eine Qual. Sie kommen nicht an den Punkt, an dem es einfach wird. Wenn dann auch noch die Erfolge ausbleiben, ist die Motivation vollkommen dahin. Wer nicht gerne laufen geht, (laufen, um zu laufen), der sollte sich einen anderen Sport suchen. Einen, der ihm nicht wie harte Arbeit vorkommt. Arbeit an sich hat oft kaum etwas Erbauendes. Rowlands schreibt: »Arbeit führt zu nichts Gutem, sage ich mir. Idealerweise ist Laufen nicht Arbeit, sondern Spiel, und darin besteht sein größter Wert.«[56]

Die Einstellung, die man gegenüber seiner Arbeit hat, hilft oder behindert natürlich bei der Motivation. Am wohlsten wird man sich in der Selbstständigkeit fühlen, wenn man den inneren Wert seiner Arbeit und der unabhängigen Beschäftigung erkannt hat. Wenn man sie spielerisch angeht. Wenn man den Prozess, sich sein Leben und Arbeiten frei gestalten zu können, wertschätzen kann. Nicht wenn man hauptsächlich reich werden, keinen Chef haben oder im Pyjama arbeiten möchte. Damit ist nicht das Arbeiten um des Arbeitens willens gemeint, denn das wäre Unsinn. Sondern der Arbeit einen ganz anderen Geist zu geben. Wer seiner eigenen Energie folgt, ist von alleine für die Umsetzung seiner Ideen motiviert und die damit zusammenhängende Arbeit fällt leichter.

»Wie macht ihr das?« Diese Frage bekommen wir sehr oft gestellt. Die Antwort ist verblüffend einfach: Wir wollen nichts anderes. Und deshalb brauchen wir auch keine andere Motivation als die, die durch unsere Tätigkeit von selbst entsteht. Wir haben, seitdem wir nicht mehr angestellt sind, keinen einzigen Tag erlebt, an dem wir uns an unsere Arbeit quälen mussten. Nicht einen einzigen Tag. Im Gegenteil. Hat man seine kreativen Geister erstmal aktiviert, bekommen sie ständig neue und bessere Ideen. Wenn der Künstler sagt: »Ich bin blockiert!«, sagt der Unternehmer: »Es gibt genug zu tun!« Mach eben etwas anderes zuerst! Wenn der Unternehmer sagt: »Das Geschäft läuft schlecht«, sagt der Künstler: »Ich denk mir etwas aus!«

> **DIE KOMBINATION AUS KÜNSTLERISCHER FREIHEIT UND UNTERNEHMERISCHER DISZIPLIN HILFT DABEI, JEDEN TAG AN DIE ARBEIT ZU GEHEN, OBWOHL NIEMAND SAGT: »DU MUSST!«**

Die Kombination aus künstlerischer Freiheit und unternehmerischer Disziplin hilft dabei, jeden Tag an die Arbeit zu gehen, obwohl niemand sagt: »Du musst!« Wenn man den Sinn in seiner täglichen Arbeit sieht, dann braucht man keine andere Motivation mehr, als diesen Sinn zu leben. Man muss sich für sich selbst und das Unternehmertum entschieden haben und nicht etwas anderes wollen. Sich selbstgewählten Aufgaben zu verpflichten, hat viel mit der Wertschätzung der eigenen Person zu tun. Wie beim Laufen, entdeckt man den inneren Wert erst, wenn man mit der Arbeit begonnen hat. Während Jobs immer etwas sind, das man für andere tut, ist Arbeit eigentlich etwas, das man für sich selbst tut.

AUF DIE PROBE GESTELLT WERDEN

VERHINDERER

Unsere innere Künstlerseele lässt sich leicht von äußeren Widerständen bremsen. Einen hohen Einfluss darauf, einen unternehmerischen Lebensstil aufzuhalten, haben die Menschen im eigenen Umfeld. Manchmal sind sie die besten Freunde oder sie gehören zur Familie. Oft sind es die Eltern, die dich fragen, warum du dir das antun willst, wohlweißlich, der einfachere Weg ist es nicht. Sobald Menschen dir deine Träume ausreden wollen, ob nun aus fürsorglichen Gründen oder nicht, ist es ein sicheres Zeichen dafür, dass du dir etwas Außergewöhnliches vorgenommen hast. So außergewöhnlich, dass sie es sich nicht vorstellen können. Niemand wird dich dabei aufhalten, nach einem sicheren, langweiligen Arbeitsleben zu streben, aber sobald es um die Selbstständigkeit geht, endet bei vielen das Verständnis.

Für dich ist es wichtig, »Möglichmacher« zu suchen, und zu lernen »Verhinderer«[57] auszublenden. Menschlichen »Bremsen« und Zweckpessimisten wirst du auf deinem Weg allerdings immer wieder begegnen, denn das Unverständnis gegenüber Lebensentscheidungen und selbsterfundenen Arbeitsplätzen, die nicht auch standardmäßig auf einem Behördenformular abgefragt werden könnten, ist meistens recht groß. Man muss es den Menschen nachsehen, denn nicht jeder hat zu jeder Zeit Interesse, sich gedanklich auf unbekannte Sphären einzulassen und jeder hat ja auch an erster Stelle sein eigenes Leben zu

»DAS GEHT NICHT«, BEDEUTET NICHTS WEITER ALS UNGÜNSTIGES TIMING.

meistern. Später wirst du sie nicht mehr so stark wahrnehmen, weil du gelernt hast, dass sie unerheblich für deinen Erfolg sind. Konzentriere dich also auf Menschen, die nicht blockieren. Die Welt ist voller »hidden Champions«, die dir auf deinem Weg helfen möchten. So muss man es sehen. Nur sind sie selten die erste Person am Infoschalter, der erste Sachbearbeiter unter deinem Buchstaben, oder der erste Mensch an der Strippe. Wenn wir jedes Mal hingeschmissen hätten, wenn wir von irgendwem ein Nein gehört haben, wäre unser Leben ganz anders verlaufen. Catharina hätte nicht studiert (kein Studienplatz!) und Sophie hätte ihr Label nicht gegründet, da sie keinen Gründungszuschuss erhalten hat. Aus der Traum? Niemals! »Das geht nicht«, bedeutet nichts weiter als ungünstiges Timing. Es ist nur eine Meinung, die oft mit den realistischen Möglichkeiten nichts zu tun hat. Es gibt Leute, bei denen die Blockadehaltung zur Lebenseinstellung geworden ist.[58] Aber keine Sorge, auch enthusiastische Menschen gibt es überall. Was sagte Einstein nochmal? »Alles Große in der Welt geschieht nur, weil einer mehr tut als er muss«. Damit man dir aber helfen kann, musst du klar artikulieren können, was du brauchst. Informiere dich also immer, wer genau dir wo genau weiter helfen kann, anstatt dich darauf zu verlassen, dass irgendjemand schon für dich zuständig ist. Sei davon überzeugt, dass die ganze Welt dir helfen will. Und wenn sie dich einmal enttäuscht, dann sieh es ihr nach. Sie hatte nur einen schlechten Tag. Wir erinnern uns an die Heldenreise in der Mythologie. Auch dein Abenteuer ist voller Proben. Das gehört dazu, wenn man seinem Ruf folgt.

DIE HÄRTE

Trotz großem Idealismus, aller Freude und Überzeugung bedeutet das selbstverant-
wortliche Gestalten des beruflichen und persönlichen Gelingens immer auch, das
Unbekannte auszuhalten zu müssen. So sehr man es vielleicht liebt, dass der Weg
nicht fremdbestimmt ist, so hart kann es manchmal sein, dass man alles selbst bestimmten muss. Eigenverantwortlich zu arbeiten bedeutet gleichzeitig niemandem
sonst vorwerfen zu können, wenn etwas schief läuft. Damit muss man umgehen
lernen. Heute ist gründen wie gesagt mit einem sehr niedrigem realen Risiko möglich. Aber auch Künstler und Unternehmer sind nur Menschen und wir alle erleben
Höhen und Tiefen. Es bringt nichts, die Selbstständigkeit zu glorifizieren, sie hat
durchaus Potenzial, das Leben unangenehm zu machen. Nervliche Belastungszu-
stände, Liquiditätsengpässe, realistische und irrationale Ängste, persönliche Probleme, Unpässlichkeiten oder Krankheit – niemand kann vorhersehen, wie unser Kon-
to- oder Gemütszustand morgen sein wird, niemand weiß, ob der Kunde von heute
der Kunde von morgen ist. Vielleicht kommt ein Wettbewerber, der viel Geld in die
Hand nimmt und dein Geschäftsmodell kopiert oder bedroht. Auch wenn du nicht
in dem Haifischbecken der Start-ups mitschwimmen willst und die Welt des Venture Capitals nicht deiner Art der Unternehmensgestaltung entspricht: Du wirst
nicht aufhalten können, dass andere dich auf diese Weise überholen wollen. Vielleicht überzeugt dein Geschäftskonzept nicht mehr genug Kunden oder Kooperationen sind weit unter deinen Erwartungen geblieben. Als Unternehmer befindet
man sich in einem ständigen Entwicklungsprozess. Auch starkes Wachstum kann

zur Zerreißprobe werden. Professionell bleiben, Kundenwünsche erfüllen, Mitarbeiter finden, tausend Dinge auf einmal regeln. »Mit der Ambiguität leben«, schreibt Günter Faltin und meint damit die Unklarheiten im Hinblick auf die Zukunft, die jeder Unternehmer aushalten können muss. Die Erkenntnis, dass es diese Zustände im Laufe der Zeit immer wieder geben wird, könne schon dabei helfen, sie besser auszuhalten.[59]

Uns ist keine Maßnahme bekannt, die alle Ungewissheiten zuverlässig ausräumen könnte. Die große Unbekannte bleibt.

Aber man kann konstruktiv damit umgehen:

- *Ruhe bewahren: Es gibt Situationen, in denen Lösungen nicht erzwungen werden können. Da heißt es: cool bleiben. Dazu musst du tief durchatmen und versuchen den Druck auszuhalten. Man kann es trainieren, sich nicht selbst verrückt zu machen, indem man sich immer wieder ermahnt, ruhig zu bleiben und sich an der Wirklichkeit zu orientieren, anstatt an der Ungewissheit.*
- *Supervision: Es gibt Hilfe. Auch wenn man sich in diesen Zeiten alleine fühlt, ist es realistisch betrachtet ein Phänomen, das nicht nur Gründer betrifft, sondern jeden Menschen. Albträume, Existenzängste, Bruxismus, keine Ahnung, wie es weitergehen soll? Alles schon dagewesen. Daher sollte man sich ein Support-Netzwerk schaffen, dem man vertraut und das durch eigene Erfahrung und Mentoring weiterhelfen kann. Die Sichtweisen anderer können bei der realistischen Einschätzung der eigenen Situation hilfreich sein.[60] Und ein bisschen moralische Unterstützung schadet auch nicht. Isolation, ob aus Scham oder einer gefühlten Unfähigkeit heraus, macht alles noch schlimmer und bedeutet, den Problemen Raum zu geben und das Monster*

wachsen zu lassen. Besser ist es, Probleme zu besprechen. Du bist nicht alleine, du bist nur alleine in deiner Verzweiflung. Vertraue dich an.

♦ Und letztlich: Abschied nehmen von Vorhaben, die nicht funktionieren. Pragmatismus beweist sich oft als der beste Ratgeber. Es gehört zu den Stärken eines Unternehmers, zu entscheiden, wann wirklich Schluss ist. Aber nicht aufgeben! Dann heißt es, sich noch einmal hinzusetzen und das Konzept zu durchdenken, sich neu zu justieren und wieder Führung zu übernehmen.

Es ist unmöglich, hundertptozentig vorherzusehen, welche Schwierigkeiten auf dich zukommen. Es lässt sich nicht sagen, wie viele schlaflose Nächte es braucht, ob unvorhergesehene Umwege nötig werden, oder Ängste sich bestätigen. Es ist das Los eines jeden Menschen, der schöpferisch arbeitet, diese Dinge nicht zu wissen. Das Schöne an der Kreativität und am Unternehmertum jedoch ist: Sie bieten immer eine Lösung. Du kannst dich mit ihrer Hilfe jederzeit neu erfinden.

ZWEIFEL

»One of the symptoms of an approaching nervous breakdown
is the belief that one's work is terribly important.«

Bertrand Russell

Bisher ging es eher um kleine Hürden. Menschen, Bürokratie oder Umstände, die dir den Schwung nehmen. Dir wird aber schnell klar werden, dass es gar nicht so schwer ist, all diese äußeren Widerstände zu überwinden. Der stärkste Verhinderer begegnet dir nicht in der Familie oder auf dem Amt, er wohnt in dir selbst. Er ist allgemeinhin bekannt als »Zweifel«. Es wird immer Tage geben, an denen man die eigene Kompetenz bezweifelt oder seine Überzeugungen infrage stellt. Oder beides auf einmal. Das ist normal! Zweifel befallen nicht nur unsichere Menschen, sondern auch sehr erfolgreiche. Die große Skepsis sich selbst gegenüber braucht nicht unbedingt einen wahrheitsgemäßen Anlass, um sich breit zu machen.

Je stärker die inneren Widerstände in dir, desto stärker ausgeprägt ist dein innerer Künstler. Er neigt womöglich zum Perfektionismus oder zu Emotionalität. Er findet sich nicht gut genug. Er findet sich unerträglich. Er findet keine Inspiration und er nährt sich vielleicht sogar ein bisschen von seinen inneren Bedenken. Manche Künstler bestehen darauf, das Leben durchleiden zu müssen, um überhaupt arbeiten zu können. Ein Unternehmen bringt der Bedenkenträger jedoch nicht voran. In Zeiten des Zweifels muss der Unternehmer in dir übernehmen. Zweifel sind eine lästige Form der Selbstzerfleischung, weil sie sehr stark bremsen. Je kleiner dein unternehmerisches Selbstbewusstsein ist, desto stärker werden dich die Zweifel beherrschen. Als Unternehmer muss man der Sache die Dramatik nehmen und das Ganze stattdessen mit klarem Kopf betrachten. Wir haben eine Strategie für uns gefunden, um unserem Zweifel wirkungsvoll zu begegnen. Sie ist lächerlich einfach: Wir vermeiden es, uns selbst zu wichtig zu nehmen. Sobald man aufhört, so enorm viel Druck auf sich selbst auszuüben, und wieder beginnt, seine Projekte als *Experimente* zu sehen (am Ende ist das ganze Leben nur ein großes Experiment, ein Kunstprojekt, gewissermaßen) gewinnt man die Leichtigkeit zurück, mit der man begonnen hat. Es so sehen zu können, bedeutet, sich zu befreien! Erinnerst du dich an die Anfangszeit, als dein »Unternehmen« nur eine Idee war? Als du noch geträumt hast, wie es sein könnte, und du euphorisch warst und alles herausfinden wolltest, um deine Idee umzusetzen? Diese Leichtigkeit des Anfängers musst du dir erhalten. Zweifel sind immer so todernst, aber es geht gar nicht um Leben und Tod! Niemand stirbt, außer deiner Kreativität, wenn du nicht aufhörst dich selbst zu sabotieren.

Unternehmertum darf man ruhig spielerisch sehen – etwa wie einen Garten anzulegen. Ein großer Teil der Saat geht auf, anderes will einfach nicht werden. Einiges braucht viel Pflege, anderes gedeiht wie von selbst. Aber eines ist Grundvoraussetzung: Man muss es lieben, jeden Tag in seinen Garten zu gehen, sich um alle seine Pflanzen zu kümmern, und sich an der täglichen Pflege erfreuen! Nimm dir den Druck aus dem Kessel. Die Selbstständigkeit soll dein Leben schöner machen, nicht verkomplizieren. Sich selbst infrage zu stellen, bringt dich nicht weiter, es behindert dich nur. Du hast andere Dinge zu tun.

KRITIK

»Ich mache keine Filme für Kritiker,
denn die bezahlen keinen Eintritt.«

Charles Bronson

Jeder weiß: Es ist leichter etwas zu beurteilen, als etwas Eigenes zu erfinden. Die Furcht vor Kritik ist wahrscheinlich einer der stillen Hauptgründe, warum so wenige Menschen ihre eigenen Ideen umsetzen. Schließlich machen sie sich dadurch verletzlich, und wer möchte schon verletzt werden? Hinzukommt, dass die wenigsten selbst so von sich überzeugt sind, dass sie nicht die kleinen Fehler und Ungenauigkeiten, die Schwächen und verbesserungsbedürftigen Stellen an ihren Leistungen nicht selbst sehen. Da fehlt es einem grade noch, ständig darauf hingewiesen zu werden. Kritikfähigkeit ist eine wichtige Kompetenz, denn je mehr Menschen dein Angebot kennen, desto mehr werden es bewerten. Das ganze Internet ist eine Bewertungsmaschinerie, in der es zum Volkssport geworden ist, teilweise anonym über Produkte, Ideen und Menschen zu urteilen. Die allgegenwärtige Kommentar- und

Bewertungsfunktion, die wir online haben, ermutigt jeden, mitzumachen. Seine persönliche Eignung als Kritiker stellt dabei kaum jemand infrage. Und so kann Kritik auch ziemlich bunt ausfallen. Dass du etwas hervorgebracht hast, macht einige vielleicht rasend. Oder neidisch. Oder es alarmiert sie. Oder es ärgert sie, weil sie, bewusst oder unbewusst, in der Bekämpfung ihrer eigenen inneren Widerstände noch nicht so weit sind. Jeder verrät sich eben selbst. Die sozialen Netzwerke können ihre Kraft dir gegenüber nicht nur in vorteilhafter Weise zum Ausdruck bringen. Sie sind eben auch der einfachste Kanal, um öffentlich Kritik zu üben. Viele Menschen neigen zur schnellen Verurteilung. Aber auch das darf dich nicht aufhalten, selbst etwas zu gestalten und dich mit deiner Arbeit rauszutrauen.

Wir selbst lesen keine Rezensionen unserer Bücher, mischen uns nicht in die Bewertung unserer Produkte ein (es sei denn, die Kritik ist direkt an uns persönlich gerichtet) und haben die Kommentarfunktion auf unseren Seiten weitgehend abgeschaltet. Nicht weil wir Angst vor der Bewertung haben – bewertet wird man ohnehin. Dein Angebot und deine Arbeit werden auch ohne dass du dabei bist kommentiert. Wir vermeiden es, weil wir gelernt haben, dass es uns nicht weiterbringt in unserer eigenen kreativen Entwicklung. Wenn eine Idee in die Welt entlassen wurde, egal, ob es sich um ein neues Produkt, ein Buch, Gastartikel oder einen Vortrag handelt, ist es nicht mehr unsere Sorge, was die Welt alles daraus macht. Für uns ist nur wichtig, dass wir uns ausdrücken und etwas gestalten können. Danach gehört es uns nicht mehr und die Leute können damit machen, was sie wollen. Sie machen sowieso damit, was sie wollen. Man kann niemanden dazu bringen, die Arbeit so zu verstehen, wie man sie gemeint hat. Die Kritik an ihr ist dementsprechend fair oder unfair, gerechtfertigt oder nicht. Es liegt nicht in unserer Hand und es hat keinerlei Einfluss darauf, was wir als nächstes gestalten. Was ist also die Lehre daraus? Feedback ist wertvoll und es ist wichtig, damit man sich verbessern kann. Über positive

Kritik darf man sich freuen, aber auch sie ist nicht immer differenziert. Negative Stimmen sollte man ernst nehmen, wenn tatsächlich Fehler gemacht wurden. Aber sie dürfen niemals dazu führen, den kreativen Spirit zu verlieren.

HINFALLEN

»Fuck Up Nights«[61] hin oder her: Scheitern ist schrecklich. Wir sollten es nicht zu einem neuen Kult überhöhen, nur weil das Schicksal gescheiterter Projekte viele vereint und missglückte Versuche realistisch betrachtet nicht weiter schlimm sind. In der Realität des Unternehmers ist und bleibt es trotzdem schrecklich. Niemand möchte mit seinen Vorhaben gegen die Wand rennen, einsehen, dass etwas nicht funktioniert, oder noch schlimmer, seinen Traum begraben oder sogar Menschen wieder entlassen müssen. Und als wäre das nicht schon schlimm genug, bleibt einem der Spott und die gute gemeinte Besserwisserei anderer auch nicht immer erspart. Scham ist eines der unangenehmsten Gefühle. Wir tun alles, um ihr aus dem Weg zu gehen und passen unser Verhalten dementsprechend an. Wenn sie zu einem Werkzeug wird, um einzuschüchtern, läuft in der Gesellschaft etwas falsch.

Scheitern ist keine Auszeichnung, aber es sollte stärker respektiert werden, wenn Menschen sich dazu entschließen, kreative Experimente einzugehen, um auf eigenen Beinen zu stehen. Der Ruf nach einer »Kultur des Scheiterns« wird lauter, selbst die Politik fordert dies neuerdings. Wären wir alle kreative Unternehmer, bräuchten wir diese Forderung allerdings gar nicht. Sie wird laut, weil wir hierzulande

WIR BRAUCHEN KEINE »KULTUR DES SCHEITERNS«, WIR BRAUCHEN EINE KULTUR DER SELBSTSTÄNDIGKEIT.

umzingelt sind von Kritikern, nicht von Selbermachern. Wir brauchen keine »Kultur des Scheiterns«, wir brauchen eine Kultur der Selbstständigkeit. Eine starke Entrepreneurship-Kultur würde die Furcht vor der unternehmerischen Niederlage und die damit verbundene Scham reduzieren. Denn dann hätten wir auch eine gesündere Haltung gegenüber missglückten Anläufen, fehgeschlagenen Projekten und Ideen, die es nicht schaffen. Es ist normal! Es gehört dazu! Jeder weiß es, aber trotzdem trauen sich wenige, ihre Ideen in die Realität umzusetzen. Warum ist das so?

Vor einiger Zeit wurde Catharina als Gastdozentin von der Zürcher Hochschule für Kunst und Design für einen Vortrag zum Thema Entrepreneurship eingeladen. Eine gute Gelegenheit, der Bühnenangst die Stirn zu bieten und sich mit Studenten und anderen Gästen auszutauschen. Besonders erfreulich war ein Schweizer Unternehmer und Selfmade-Man, der mit seiner angenehmen, unaufgeregten Art und kreativem Gespür für Business-Gelegenheiten auffiel. Ein wahres Paradebeispiel für die Kombination aus Künstler und Unternehmer. Er hatte in seinem Leben schon viel unternommen, war sich nicht zu schade, selbst Hand anzulegen und so betrieb er unter anderem eine Gebäudereinigung ohne Angestellte und ist nun Immobilienunternehmer. Da es vom Ablauf her passte und Catharina erst später dran war, hörten wir seiner Geschichte gespannt zu. Nach dem Vortrag war Zeit für Fragen. Ein Student im Plenum war etwas erstaunt über den so wenig gradlinigen Weg des Unternehmers und fragte, ob er nach all den verschiedenen Projekten, die er versuchte hatte, nicht immer Angst vor dem Scheitern gehabt haben müsste. Sein Lebensmodell hörte sich schließlich recht unsicher und auch etwas chaotisch an. Darauf stellte der Mann eine interessante Gegenfrage: »Was meinst du denn, was passiert, wenn man scheitert?« Stille. Man konnte förmlich spüren, welches Unbehagen es den Studentinnen und Studenten bereitete, sich schon im Studium mit ihren Existenzängsten zu konfrontieren. Nach einiger Zeit sagte er: »Es passiert nichts.«

Großartig! Endlich sagt es mal jemand, dachten wir. Denn: Was bedeutet es schon, als Unternehmer zu scheitern? Er führte seine pragmatische Einstellung gegenüber seiner vermeintlichen Misserfolge noch aus. Praktisch gesehen bedeutet das Scheitern: Niemand kauft meine Produkte, niemanden interessiert, was ich mache, es passiert einfach gar nichts. Warum fürchten wir uns so sehr vor etwas, das einfach nur bedeutet, dass gar nichts passiert ist? Eine gute Frage. Sicherlich, man hat vielleicht etwas Geld verloren, man hat seine Zeit für etwas investiert, das nicht funktioniert hat. Das ist ärgerlich, es ist enttäuschend, aber es ist kalkulierbar. Und ansonsten ist eigentlich gar nichts passiert. Aber man hat etwas gelernt. Und kann nun zum Nächsten übergehen. Das ist eine gesunde Herangehensweise!

Die beruhigende Erkenntnis aus dieser kleinen Geschichte ist: Es passiert dir nichts. Es kostet nichts außer deinen Einsatz. Scheitern markiert den Moment, in dem man beschließt, dass es so nicht weitergeht, aber vergisst, dass etwas anderes immer noch funktionieren kann. Vergiss nicht, dass es Tausende Möglichkeiten zum Erfolg gibt, wenn du meinst, du seist unternehmerisch gescheitert. Man muss lernen, zu akzeptieren, dass Rückschläge zum Geschäft gehören und nicht du als Person gescheitert bist, sondern lediglich dein Handeln in einem Bereich deines Lebens nicht zu dem gewünschten Ergebnis geführt hat. Du musst das unternehmerische Selbstbewusstsein haben, Häme und Spott anderer als das zu sehen, was sie sind: nur Meinungen. Sie verraten mehr über den Spötter als über dich als Unternehmer. Es gibt viele Wege, seine Ideen unternehmerisch umzusetzen. Und du allein entscheidest, wann es Zeit für dich ist von einer Idee zur Nächsten weiterzuziehen.

KLEINER EXKURS: LIFESTYLE BUSINESS: DU BIST DEIN UNTERNEHMEN

Für einige impliziert der Titel dieses Buches vielleicht, dass man hier die Geheimnisse der ultimativen Version des modernen Unternehmertums erfährt: die des sogenannten Lifestyle-Entrepreneurs, auch »Digitale Nomaden« genannt. Ortsunabhängig, vom balinesischen Strand aus, immer mit der Yogamatte unter dem Arm, und – wie Instagram uns scheinbar zeigt –, selten bei der Arbeit. Alles, was er braucht, sind ein Laptop und eine Internetverbindung. Das Klischee dieses Lifestyle-Entrepreneurs sieht so aus: Er fliegt um die Welt und lässt es sich gut gehen, denn sein Businessmodell folgt einer einzigen Logik: Freiheit. Das Zauberwort heißt »passives Einkommen«. Die Wege zum Lifestyle-Entrepreneur würden ein eigenes Buch füllen und um ehrlich zu sein, ein anderes. Seinen reisenden Lebensstil zum Unternehmen zu machen, ist nur eine Facette des kreativen Entrepreneurships. Sie zeigt aber, wie vielfältig Unternehmertum heute in verschiedenste Lebensträume integriert werden kann. Die beste Erkenntnis ist, dass Freiheit heute eine Frage der Selbstständigkeit ist. Etwas Arbeit macht sie aber auch dann.

Lifestyle-Entrepreneure verdienen ihr Geld online und mit einem Minimum an Ressourcen. Einige spezialisieren sich darauf, Möchtegern-Lifestyle-Entrepreneuren in Form von E-Workshops, E-Books, Blogs und Newslettern zu erklären, wie ihre Freiheit funktioniert. Genau genommen ist es heute nicht mehr schwer, so einen Lebensstil zu organisieren. Die erfolgreiche Selbstständigkeit braucht tatsächlich nicht viel! Aber wenn man genauer hinschaut, sieht man, dass nur eine Handvoll von Leuten so ein Leben wirklich durchzieht. Das Problem an dem Modell ist, dass viele zwar davon träumen, frei zu sein, Freiheit aber nicht mit dem Verzicht auf ihren gewohnten Lebensstil assoziieren. Kaum jemand ist wirklich bereit, dankbar den vielen Annehmlichkeiten des Normalolebens zu entsagen. Das Leben des Lifestyle-Entrepreneurs allerdings macht den Verzicht zur Bedingung.

Eine, die es wissen muss und wirklich erfolgreich auf diesem Gebiet ist, ist Conni Bisalski. Sie ist überzeugte Minimalistin, legt keinen Wert auf Dinge, die ihr Leben belasten, und besitzt seit Jahren nur soviel an Eigentum, wie in eine kleine Tasche passt. Ihr sind andere Dinge wichtig. Sie hat den Haben-Zustand schon lange verlassen und ist dem Sein-Zustand mit Anfang 30 schon viel näher als die meisten Menschen es jemals von sich sagen werden. Auch ihre Arbeit ist echte Arbeit, denn sie erarbeitet Workshops, E-Books, bloggt, arbeitet als freie Strategieberaterin und generiert Einkommen über Partnernetzwerke. Sie teilt eine Vielfalt an teils sehr persönlichen Erfahrungen und Informationen als Beratungsangebot im Netz. Sie ist ihr eigenes Unternehmen, eine Trennung von Person und Unternehmen gibt es nicht. Ihr Lebensstil ist ihr Produkt. Sie ist frei, denn sie kann sich ihr Pensum nach Gusto einteilen – und wenn sie meditieren will, dann meditiert sie. Dass der Weg ein leichter wäre, ist ein Irrtum aller, die glauben, Instagram würde die Wirklichkeit abbilden, und ortsunabhängiges Unternehmertum wäre so ähnlich wie der letzte Strandurlaub, bei dem man nur bedient wurde. Bis man von einem passivem Einkommen, also zum Beispiel von Affiliate Marketing oder den Werbeerträgen der eigenen Website, leben kann, können schon mal ein paar Jahre ins Land ziehen, in denen man nicht am Strand liegt. Damit man überhaupt interessant ist für Werbepartner, muss man Traffic auf seiner Seite generieren. Auf Deutsch: viele Zehntausend Leser monatlich. Das Gleiche gilt für das sogenannte »Affiliate Marketing«. Hierbei verdient man jedes Mal mit, wenn jemand über die eigene Seite ein vorgeschlagenes Produkt, das auf Partnerseiten verlinkt wurde, shoppt. Die Erträge sind im Cent-Bereich, nur die Masse macht es. Man braucht also eine große Leserschaft, ein paar Websites und etwas Interessantes zu erzählen. Außerdem die Disziplin, das Ganze regelmäßig aufzuschreiben. Und das am besten ausführlich und in hoher Frequenz. Viele der so oft beneideten digitalen Nomaden verreisen im Gegensatz zum klassischen Büroangstellten nicht nur nach Thailand und Bali, um dazuzugehören oder nur weil es so schön ist, sondern vor allem, weil die Lebenshaltungskosten dort niedrig sind. Unternehmer, die hierzulande etwas dispektierlich mit »digitalem Prekariat« betitelt werden, können dort von einem vergleichsweise kleinen Einkommen passabel leben. Conni gehört zu den besten ihrer Zunft und hat sich schon lange freigeschwommen, aber sie behauptet nicht, dass es einfach war. Sie ist in höchstem Maße selbstbestimmt. Sie ist wirklich frei. Aber sie verwechselt auch Arbeit nicht mit Urlaub und hat einen tieferen Beweggrund für ihren Lebensstil. »Es geht um Lifestyle-Design, nicht um Work/Life-Balance«[62], schreibt sie. Lifestyle-Entrepreneure sind von einem anderen Schlag als der Durchschnittsbürger, der schon beim Anblick des neuen PKWs in der Garage des Nachbarn neidisch wird. Den modernen Aussteigertraum vom Lifestyle-Entrepreneurship kann heute jeder leben, dessen Geschäftsmodell kreativ genug ist und nichts weiter braucht als das Internet. Es ist eine Form des kreativen Unternehmertums für alle, die sich ein wirklich anderes Leben wünschen. Frei nach Erich Fromm: Will ich mehr haben oder will ich mehr sein? Diese Frage hat Conni schon lange für sich beantwortet. Sie nennt sich inzwischen »(Z)entrepreneur«, oder »Digitale Zen Nomadin«, mit dem Hinweis auf den Zen-Buddhismus. Sie schreibt: »Ein Digitaler Zen Nomade ist jemand, der ortsunabhängig lebt und arbeitet und dabei Yoga, Meditation, gesunde Ernährung und eine bewusste, achtsame und holistische Lebensweise in seinen ortsunabhängigen Lifestyle integriert. Das Digitale Zen Nomadenleben geht weg von purem Sightseeing und traditionellem Fast Food Tourismus, hin zu Slow Travel als Digitaler Nomade und Reisen als spirituelles Erlebnis. [...] das Business eines Digitalen Zen Nomaden [kommt] von Herzen, ist nicht nur zahlen- und geldorientiert, sondern [möchte] stattdessen wirklich das Leben anderer Menschen positiv verändern [...][63]«.

Sie *wünscht* sich den materiellen Verzicht, um ihr Leben mit Erlebnissen zu erfüllen, anstatt mit Dingen. Weniger Zeit mit Arbeit verbringen und dafür mehr Zeit für die Selbsterkenntnis haben. Und damit das klappt, musste auch sie den Künstler und den Unternehmer in sich aktivieren.

SICH SELBST IM WEG STEHEN

»Most of us have two lives. The life we live, and the unlived life
within us. Between the two stands Resistance.«

Steven Pressfield

FALSCHE HERANGEHENSWEISE

Auffällig ist, dass sehr viele die Selbstständigkeit auf sehr mühsame Weise angehen. Nämlich mit dem Entschluss: Ich mache mich selbstständig! Weil ich mein eigener Chef sein will! Oder weil ich da so eine Idee habe! Und dann läuft es immer gleich ab: zum Arbeitsamt, versuchen, einen Gründerzuschuss zu bekommen, Bürokratiemonster erlegen, Sachbearbeiter überleben, Geldsorgen aushalten, Skepsis von allen Seiten abwehren und mühsam versuchen, irgendwie auf die Beine zu kommen. Jeder kennt diese Geschichten. Viele beschreiben ihren Weg in die Selbstständigkeit mit »dem Sprung ins Ungewisse«. Warum springt man aber irgendwo hin, von dem man keinen Schimmer hat, wo man landen könnte? Es ist Unsinn. Besser ist es, seine Idee marktfähig zu machen und vorab zu testen. Andere zerreiben sich und wägen ab, machen Plan B, C und D und versuchen, jedes Risiko einzukalkulieren, noch bevor ihre Idee überhaupt am Markt platziert wurde. Sie verhalten sich nicht grundsätzlich unüberlegt. Aber sie verschwenden sehr viel Energie auf die falschen Dinge. Zusätzlich haben sie meist noch eine Geschäftsidee, die unmöglich teuer in der Umsetzung ist, zudem sehr viel Zeit in Anspruch nimmt, für immer ein sehr hohes Arbeitspensum bedeutet und dazu noch selten innovativ ist: ein Café, eine Boutique, ein Yoga-Studio, einen Burger-Imbiss und dergleichen. Wir würden nicht dazu raten, wenn man sich nicht im Klaren darüber ist, was man sich da vorgenommen hat. Diese herkömmliche Art des Gründens bringt Unfreiheiten, Kosten und Verpflichtungen mit sich, die nicht jeder sich wünscht oder einkalkuliert hat. Die Gründungsidee muss in das Leben des Gründers passen. Hierbei muss man gnadenlos ehrlich mit sich selbst sein und wissen, welches Leben man wirklich möchte.

Im Laufe dieses Buches haben wir viele alternative Herangehensweisen aufgezeigt. Heute ist es möglich, sich auch ganz anders selbstständig zu machen. Und es ist nicht nur möglich, sondern es ist auch nötig, eine bessere, eine einfachere Idee zu haben und mit einem stichhaltigen Konzept zu starten. Das ist der Trick. Und es ist besser, als einfach zu springen.

BEQUEMLICHKEIT

Die ultimative Bequemlichkeit ist es, seine Ideen gar nicht erst umzusetzen. Natürlich fallen einem dafür genug gute Gründe ein. »Keine Zeit« ist der Häufigste. »Kein Geld« ist auch ein Beliebter. Und natürlich »Mein Chef/Mann/Frau/Eltern/ Professor/Nachbar/X-beliebiger Bewohner dieser Erde, auf den ich mehr höre als auf mich selbst, lässt mich nicht.« Manchmal ist der Grund sogar, dass man den Grund nicht genau benennen kann. Dann verschleiert man seine eigene Bequemlichkeit wenigstens nicht. Wir nennen es lapidar Bequemlichkeit, Steven Pressfield nennt es »Resistance«. Und tatsächlich ist man nicht immer einfach nur zu bequem, wenn man nicht dazu kommt, seine Ideen zu verwirklichen. Es gibt viele Formen der inneren Gegenwehr, der eigenen Zurückhaltung vor der Arbeit, die zu tun ist, und der Umkehr noch bevor man richtig losgelaufen ist. Es ist wie eine innere Widerstandsbewegung, die nicht nur Künstler und Kreative kennen. Jeder Mensch hat mit seiner »Resistance« zu kämpfen, weiß Pressfield. Sie zeigt sich immer dann am Stärksten, wenn man sich etwas vornimmt, das von großer persönlicher Bedeutung ist, aber viel Arbeit erfordert.[64] Ein Buch schreiben zum Beispiel. Oder ein Unternehmen gründen. Wie bereits erwähnt, befindet man sich als Unternehmer in einem ständigen Entwicklungsprozess. Aber oft genug bremsen wir unseren Erfolg aus Bequemlichkeit. Zum Beispiel wenn wir merken, dass etwas nicht funktioniert, und uns trotzdem zu lange daran festhalten, denn sonst wäre ja die ganze Arbeit umsonst gewesen und man müsste umdenken. Diese Haltung ist fatal, denn wenn etwas nicht funktioniert, war die Arbeit nicht umsonst, sondern ist nur noch nicht zu Ende!

Die Kunst ist es, seine inneren Widerstände zu verstehen: Sagen sie mir, dass es Zeit ist, aufzuhören, oder sagen sie mir, dass es richtig ist, was ich vorhabe, ich dazu aber meine Komfortzone verlassen muss?

Der Unterschied ist eigentlich einfach zu identifizieren: Wenn man sich für etwas aufreibt und viele Stunden Arbeit in etwas steckt, das einfach nicht funktioniert will, ist es an der Zeit, etwas zu ändern. In dem Fall sträubt man sich mehr vor der Veränderung, als vor der richtigen Arbeit. Wenn man aber gar nicht erst zu einer Umsetzung gelangt, und immer neue Ausreden erfindet, um nicht an die Arbeit zu gehen, dann ist es ein klarer Fall von »Resistance« – und dann heißt es: dran bleiben!

UNGÜNSTIGE SELBSTEINSCHÄTZUNG

Bei Unternehmensgründern wird immer davon ausgegangen, dass sie besonders selbstsicher seien. Häufig wird sogar von dem Phänomen der »Overconfidence« gesprochen – also einer übertrieben selbstsicheren Einschätzung der eigenen Fähigkeiten und des Urteilsvermögens. Hochmut ist unter Gründern nicht selten, besonders wenn sie sich durch eine Finanzierungsrunde bestätigt fühlen. Aber während bei den meisten Gründern eine latente Überschätzung der eigenen Person angenommen wird, ist eine andere Variante der Fehleinschätzung ebenso häufig. Und weil großspurigen Gründern ohnehin schon zu viel Aufmerksamkeit geschenkt wird, wollen wir uns hier lieber anderen widmen, die mehr Unterstützung verdient haben. Nämlich Gründern, die zu bescheiden sind. Wenn Gründer sich selbst nicht ernst genug nehmen und sich daher kleiner machen als sie sind, wirkt sich das sehr ungünstig auf die Unternehmerpersönlichkeit aus – denn jemand, der sich selbst unwichtig findet, kann weder seine Potenziale voll ausschöpfen noch sich wirklich frei fühlen in dem, was er tut. Sowohl Selbstüber- als auch Selbstunterschätzung ist unangenehm aber nur letzteres behindert garantiert den Erfolg. Häufig sind es Frauen, die zu zurückhaltend in ihrer Selbsteinschätzung sind[65], obwohl sie alle Fähigkeiten für die kreative Selbstständigkeit mitbringen und sogar wenn ihre Projekte bereits Erfolge erzielen. Was oft fehlt, ist das unternehmerische Selbstbewusstsein.

Eine Idee zu einem Unternehmen zu entwickeln, erfordert Konzentration und eine gewisse Demut davor, was man sich da vorgenommen hat. Bescheidenheit ist sympathisch. Aber generell dürfen wir auch nicht zu zurückhaltend sein. Wenn wir unsere eigene Kraft chronisch unterschätzen, erlauben wir uns auch nicht, groß genug zu denken, und ersticken unsere Kreativität. Daher bleiben viele Gründer unter ihren Möglichkeiten, beschränken sich auf herkömmliche Gründungsvorhaben, trauen sich damit zu wenig und

> **BESCHEIDENHEIT IST SYMPATHISCH. ABER GENERELL DÜRFEN WIR AUCH NICHT ZU ZURÜCKHALTEND SEIN.**

wundern sich, dass der Erfolg ausbleibt. Falsche Bescheidenheit ist keine unternehmerische Qualität. Unternehmerischer Erfolg passiert einem nicht einfach, sondern er braucht beständigen Glauben an die eigene Sache. Klein anfangen, sich aber eine große Entwicklung zutrauen! In der Selbstständigkeit entscheidet allein die kreative Umsetzung deiner Ideen über deinen wirtschaftlichen Erfolg. Limitiere nicht deine Chancen, weil du glaubst, du wärst nicht innovativ genug, untauglich oder nicht fähig, bei den Besten mitzumischen. Du könntest eines Tages deine Branche dominieren. Aber nur, wenn du es dir auch zutraust! Mit den Worten von Benjamin Elijah Mays, einem einstigen Mentor von Martin Luther King: »Not failure, but low aim is sin.«[66]

SCHLECHTES ZEITMANAGEMENT

Jeder Mensch wünscht sich irgendwann in seinem Leben vor allem eins: mehr Zeit. Wer ein eigenes Unternehmen aufbaut, muss lernen, seine Zeit so zu nutzen, dass er weder in Arbeit erstickt, noch zu viel Zeit in Dinge steckt, die das Unternehmen nicht voranbringen. Es gilt, sich jeden Tag zuerst um die wichtigsten Dinge zu kümmern. Am wichtigsten für dein Unternehmen ist das, was es am Leben erhält. Das sind: deine Kunden, dein Produkt und deine Finanzen. An erster Stelle stehen also immer die Bemühung um alte Kunden und das Finden Neuer, und Produktpflege, gleichauf mit Rechnungsstellung und allem, was neues Geld in die Kasse bringen kann. Es ist unglaublich, wie viele Selbstständige ihre Arbeit gewissenhaft erledigen, aber vergessen ebenso gewissenhaft, Rechnungen zu schreiben. Wenn der Künstler seine Arbeit getan hat, muss der Unternehmer dafür sorgen, dass sie auch bezahlt wird! Hierbei gilt es, sich die Abläufe möglichst einfach zu gestalten. Prozesse der Rechnungsstellung kann man heute weitgehend automatisieren. Es gibt viele Tools, um Kundendatenbanken zu führen, damit die Rechnungsstellung schnell geht und nicht vernachlässigt wird (siehe Ressourcenliste). Nur eins ist für das Überleben deines Unternehmens noch wichtiger: du selbst. Du musst also auch ganz besonders darauf achten, was dich am Leben erhält und den Künstler in dir nährt. Alles, was du selbst in der Kontrolle hast und was nicht dazu beiträgt dich oder dein Unternehmen lebendig zu machen, frisst Zeit, die du nicht übrig hast. Es ist wichtig, sich das zu vergegenwärtigen und seine Energie danach auszurichten.

Du hast nicht mehr Zeit als alle anderen Menschen auf der Welt. Du musst aber in der gleichen Zeit zusehen, wie du dein Geld verdienst, während andere es am Ende des Monats überwiesen bekommen. Wenn du dich jeden Tag dazu verpflichtest, sowohl etwas für dich als auch etwas für die Erhaltung deines Unternehmens tun zu wollen, wirst du automatisch lernen, deine Zeit optimal einzuteilen. Du brauchst nicht mehr Zeit, du brauchst Klarheit darüber, was getan werden muss, und was nicht, damit dein Tag nicht zu wenig Stunden hat. Übrigens: Die Lektorin (Vollzeit, festangestellt), die dieses Buch lektoriert, betreut, mit ihrem Wissen bereichert und mit Leidenschaft editiert hat, schmeißt in ihrer »Freizeit« ein erfolgreiches Handmade-Label, gestaltet und verkauft eigene Produkte, die sie selbst mit der Hand herstellt. Und du hast keine Zeit?

> **DU BRAUCHST NICHT MEHR ZEIT, DU BRAUCHST KLARHEIT DARÜBER, WAS GETAN WERDEN MUSS, UND WAS NICHT, DAMIT DEIN TAG NICHT ZU WENIG STUNDEN HAT.**

FALSCHE PRIORITÄTEN

Mangelnder Fokus auf das Wesentliche eines Geschäftskonzeptes ist einer der Hauptgründe, warum selbstständige Projekte scheitern. Wenn du dich mehr darum kümmerst, die coolsten Visitenkarten drucken zu lassen oder dein Büro stylisch einzurichten, als an deinem Produkt zu feilen und dich um Kunden zu kümmern, dann hast du deine Prioritäten nicht richtig gesetzt.[67] Es lässt sich leider recht häufig beobachten, dass Gründer sich unendlich an Nebensächlichkeiten aufhalten, und erst eine perfekte Außendarstellung erreichen wollen, bevor sie den ersten Euro verdient haben. Ein hipper Gründer-Lifestyle mag vielleicht seine Reize haben und natürlich macht es auch Spaß, sich am Anfang erstmal schön einzurichten. Aber es bringt rein gar nichts für den ersten Kunden. Die perfektionistische Herangehensweise, zuerst alles bis ins Detail herzurichten, damit man dann ordentlich ausgerüstet anfangen kann, verzögert nur die eigentliche Geschäftstätigkeit. Modernes Büro, Meetingraum, Apple-Flotte, Szenegetränk im Kühlschrank und das Augenmerk darauf, endlich von der Presse interviewt zu werden: All das sind nur Oberflächlichkeiten. Brauchst du wirklich neues Equipment und spezielle Anschaffungen, oder tun es dein alter Rechner und deine alte Ausrüstung auch noch? Brauchst du wirklich feste Räumlichkeiten? Oder reicht es, bei Bedarf etwas zu mieten? Oder eine Bürogemeinschaft, die Räumlichkeiten teilt? Glaubst du, du brauchst sogar Personal? Was kannst du selbst? Was brauchst du wirklich? Ganz ehrlich! Dein Wunsch sollte es sein, mit deiner Idee ab dem ersten Tag Geld zu verdienen und Unternehmer zu sein, anstatt den Geschäftsbetrieb zu simulieren. Der Versuch, irgendetwas darstellen zu wollen, das man nicht ist, hilft nicht dabei, ein funktionierendes Geschäft aufzubauen. Du brauchst Kunden. Alles andere kommt danach.

SELBSTAUSBEUTUNG

Arbeiten ohne Bezahlung? Es hört sich zunächst komisch an, aber besonders in der Anfangsphase der Selbstständigkeit arbeiten viele Gründer ohne ausreichende Bezahlung. Sie lassen sich dazu hinreißen, ihre Arbeit wie einen Freundschaftsdienst anzubieten. Selbst wenn der Kunde zahlungskräftig ist. Manchmal sogar gerade deswegen – obwohl eine faire Vergütung doch eine Selbstverständlichkeit sein sollte. Sie verschenken ihr Produkt, weil sie meinen, die PR, die durch die Zusammenarbeit entsteht, sei Lohn genug und wird schon zu positiver Resonanz führen. Hier ist ein ernstgemeinter Rat: Vergiss es einfach. Die »Keine Bezahlung aber dafür Reichweite«-Nummer ist eine Unverschämtheit, zu der du dich niemals hinreißen lassen solltest. Es ist keine Art der professionellen Kooperation und eine unsägliche Praxis. Natürlich spricht nichts dagegen, sich unter fairen Bedingungen gegenseitig mal einen Gefallen zu tun. Aber wenn ein Deal darauf hinausläuft, dass

- *das volle Risiko bei dir liegt,*
- *die hauptsächliche Arbeit bei dir liegt,*
- *du in Vorleistung gehen sollst,*
- *dir ein erheblicher Prozentsatz des Umsatzes abgenommen wird,*
- *ein vorgelegter Kooperationsvertrag für dich nachteilig formuliert ist,*
- *du ohne Honorar Inhalte liefern sollst (vermutlich auch noch als »Experte« für ein bestimmtes Thema),*
- *deine Firma/Name nicht erwähnt werden soll (ausgenommen sind bezahlte Dienstleistungsaufträge),*
- *deine erbrachte Leistung dem Kunden nicht umfänglich kommuniziert wird (ausgenommen sind bezahlte Dienstleistungsaufträge),*
- *dir anstelle eines Honorars eine Erwähnung oder Reichweite versprochen wird (als wäre es so ähnlich wie Bezahlung),*

kannst du getrost davon Anstand nehmen. So etwas nennt man nicht Zusammenarbeit, sondern Ausbeutung. Wenn du deine Arbeit nicht wertschätzen kannst, dann wird es auch niemand sonst tun. Und das sieht genauso aus, wie oben beschrieben.

Sich selbst auszubeuten und sich ständig unter Wert zu verkaufen, hat weder etwas mit Entrepreneurship zu tun noch damit, frei zu sein. Es nährt weder den Künstler noch den Unternehmer in dir. Es tötet beide. Ein Ziel der modernen Selbstständigkeit ist es, sich von ungesunden Arbeitsverhältnissen unabhängig zu machen. Wenn du dazu neigst, mehr zu tun als dir gut tut, Ja zu sagen und Nein zu meinen oder Angst zu haben, den vollen Preis zu nehmen, musst du dringend an diesen Unsicherheiten arbeiten. Solange du das nicht tust, bist du nicht selbstständig und schon gar nicht selbstbestimmt. Es gibt kein Unternehmen, das funktioniert, wenn der Gründer zur Selbstausbeutung neigt. Selbst wenn genug Geld umgesetzt wird, kann das auf Dauer nur zu Lasten der eigenen Gesundheit und zu Lasten der persönlichen Freiheit gehen. Sich selbst auszubeuten, rächt sich. Die Burn-out-Raten sind vor allem bei Menschen hoch, die den Sinn ihrer Arbeit nicht mehr spüren und die Kontrolle über ihr Pensum und die Arbeitsinhalte verloren haben. Das kann auch Selbstständige betreffen, wenn sie sich für die falschen Arbeitsaufträge aufreiben und mehr Energie verbrauchen, als sie über ihre Arbeit gewinnen können. Ausbeutung findet hierzulande nur noch im Kontext der Selbstausbeutung statt. Tu dir das nicht an.

> **WENN DU DAZU NEIGST, MEHR ZU TUN ALS DIR GUT TUT, JA ZU SAGEN UND NEIN ZU MEINEN ODER ANGST ZU HABEN, DEN VOLLEN PREIS ZU NEHMEN, MUSST DU DRINGEND AN DIESEN UNSICHERHEITEN ARBEITEN.**

WIE MAN RUHIGER SCHLÄFT:
UNSERE PERSÖNLICHEN DOS AND DON'TS

»Das Leben wird vorwärts gelebt,
aber rückwärts verstanden«

Frei nach Søren Kierkegaard

BILDE BANDEN

Du musst deine Gruppe finden. Einen Kreis von Menschen, die dich verstehen und dich inspirieren. Dein Netzwerk ist wichtig; wenn du keins hast, bilde eins. Du musst dich nicht unbedingt nur irgendwo anschließen, sondern kannst auch eigene Banden bilden. Alle Werkzeuge, dich sichtbar zu machen und sich kennenlernen zu können, stehen kostenlos zur Verfügung. Es schadet niemandem, wenn du den Menschen, die du bewunderst, die dich inspirieren und von denen du lernen kannst, zeigst, dass es dich gibt. Die Menschen, die auf einem ähnlichen Weg sind, auch etwas in ihrer Branche verändern wollen, auch kreativ und unternehmerisch arbeiten und an die gleichen Dinge glauben wie du. Schreib sie an, schenk ihnen einen Tweet, gib ihnen die Hand, wenn du sie auf Konferenzen, Messen oder bei Vorträgen triffst. Fasse dich kurz (niemand hat die Verpflichtung, dich kennenzulernen, oder zu jeder Zeit Lust oder Muße, deine gesamte Lebensgeschichte aufgebrummt zu kriegen) und beschränke dich auf das Wesentliche – aber sag, was du zu sagen hast. Erinnere dich an deinen Beweggrund! Unsere Erfahrung ist, dass offene Menschen sich die Verbindung mit Gleichgesinnten wünschen. Wenn du interessante Dinge tust, dann ist es auch interessant, davon zu erfahren. Die meisten, die selbst ihren Künstler und Unternehmer aktiviert haben, freuen sich über den Austausch. Gib dir einen Ruck und zeig dich! Versuch nicht, den Kontakt zu erzwingen, aber spiel ihnen den Ball zu. Mach dir eine kleine Liste von Menschen, die dich inspirieren, und schreib sie mit einem konkreten Grund an. Sei andersherum ebenso offen für neue Kontakte und schenke Menschen, die auf dich zukommen Aufmerksamkeit. In der Selbstständigkeit kommt ein »Kollegenkreis« nicht automatisch. Du musst selbst dafür sorgen, dass du auf ein Netzwerk aus Freunden und Mitstreitern verschiedener Expertisen, gemeinsame Mittagspausen, den Austausch und Hilfestellungen untereinander nicht verzichten musst. Ein freies Netzwerk ist goldwert für den selbstständigen Erfolg und um sich nicht einsam zu fühlen.

BLEIB NEUGIERIG

Es hört sich abgedroschen an, aber Neugierde ist ein heiliges Elixier der kreativen Selbstständigkeit. Denn sie führt zu neuen Impulsen und dazu, dass man offen bleibt für neue Ideen. Das Beste ist: Man kann sie in sich selbst kultivieren, man kann sich dazu entscheiden, neue Dinge entdecken und lernen zu wollen. Wer sich der Welt öffnet und viele Menschen kennenlernen möchte, hat die besten Voraussetzungen, nicht nur glücklich, sondern auch unternehmerische erfolgreich zu sein. Jedes Gespräch, jede Begegnung, ein Buch, ein Film, ein Vortrag, etwas Handarbeit – überall, wo man etwas Neues lernt oder entdeckt, verstecken sich Clues, die dich weiterbringen können. Also geh auf Erkundungstouren! Sei Tourist in deiner Stadt, bilde dich weiter, triff Menschen, lass dich inspirieren. Es wird sich immer positiv auf deine Arbeit auswirken. Der Künstler in dir braucht Inspiration, der Unternehmer immer neue Wege, sein Geschäft zu beleben. Um Bedürfnisse zu erkennen, muss er aufmerksam durch die Welt gehen. Das ist einer der schönsten Aspekte des kreativen Lebensstils: Es gehört zum Beruf, wissbegierig zu sein!

ARBEITE MIT VERLIEBTEN

Wir haben es uns zur unternehmerischen Regel gemacht, nur mit Menschen zu arbeiten, die ihre eigene Arbeit schätzen. Wenn jemand nicht wertschätzen kann, was er selbst tut, dann fehlt seiner Arbeit der Geist. Dann macht auch die Zusammenarbeit keinen Spaß. Du bist als Unternehmer in der glücklichen Lage, dir deine Mitstreiter aussuchen zu können. Für dich war es nicht einfach, dich selbst zuständig zu machen – wenn jemand offensichtlich nicht so weit ist oder es gar ablehnt, sollte er nicht mit dir oder für dich arbeiten. In der Zukunft der Arbeit werden die besseren Arbeitgeber mit selbstständigen Menschen arbeiten wollen und die schlechteren Jobs weiter Abhängigkeiten schaffen. Während alte Strukturen weiter auf Kontrolle basieren, wird eine neue Arbeitskultur auf Vertrauen bauen und Selbstbestimmung kultivieren. Als Unternehmer kannst du dir überlegen, welche Mentalität du fördern möchtest. Es ist deine Entscheidung, mit wem du arbeitest. Such dir selbstbestimmte Menschen, denen ihre eigene Arbeit etwas bedeutet. Eine neue Arbeitswelt sollte dies konsequent honorieren. Nicht nur die Zusammenarbeit wird davon profitieren, sondern auch der Einzelne, der seine Potenziale entfalten kann und seine Leistung, Kreativität und Zeit würdig anerkannt sieht.

SEI NICHT SO KOMPLIZIERT

Wir alle stehen uns im Weg, wenn wir unnötig kompliziert sind. Kompliziertheit ist der Feind des unternehmerischen Erfolgs. Wir haben ein Motto, an das wir uns immer erinnern, wenn Dinge schwerer erscheinen als sie sind: »Einfach MACHEN« und »EINFACH machen«. »Einfach MACHEN« mit der Betonung auf dem zweiten Wort soll uns daran erinnern, dass man in gewissen Situationen, auch ohne alle Informationen zu haben, eine Entscheidung treffen und handeln muss. Wenn man nicht genau weiß, wie etwas funktioniert und die Recherche es nur noch komplizierter zu machen scheint, dann bringt nur ein beherztes Handeln die Situation weiter. Wenn man beginnt, aktiv zu handeln, bekommt man weitere Informationen und bringt eine Entwicklung in Gange. Es gibt viele Situationen, in denen das Handeln alles vereinfacht (weil es eine neue Ausgangslage schafft) und das Nachdenken alles nur verkompliziert. Anstatt also die Lage komplizierter, größer und schwieriger zu machen, indem man wartet, grübelt oder hadert, gilt »einfach MACHEN«. Du wirst genau wissen, wann du vor solch einer Situation stehst. Lass den Künstler übernehmen und lass ihn einfach machen. Aber auch »EINFACH machen« mit der Betonung auf dem ersten Wort soll uns daran erinnern, nicht selbst zu unnötigen Verkomplizierungen beizutragen. Produkte, Dienstleistungen und Angebote müssen einfach sein. Einfach zu verstehen und einfach in der Anwendung. Unkompliziert sollten auch deine Art der Kommunikation und deine Arbeitsweise sein. Es macht das Leben so viel leichter, wenn man sich nicht mit komplizierten Abläufen belastet. Je größer das eigene Unternehmen wird, desto schwieriger wird es, EINFACH zu machen. Trotzdem muss man sich immer wieder vergegenwärtigen, Abläufe nicht sperrig werden zu lassen.

Wenn sich ein Kunde beschwert, dann finde eine unkomplizierte Lösung, selbst wenn er sich nicht hundertprozentig korrekt verhält. Wenn Fehler passieren, konzentriere dich darauf, sie möglichst einfach zu bereinigen. Dein Job ist es nicht, Recht zu haben, sondern Lösungen zu finden. Es geht nur darum, die Führung zu übernehmen und die Angelegenheit zu klären. Finde eine Lösung! Mach dich selbst zuständig. Der Unternehmer weiß, was zu tun ist. Eine starke Lösungsorientierung zu haben, bedeutet, unkompliziert zu sein.

BABYSCHRITTE

Niemand hat alles im Griff. Ist das nicht beruhigend zu wissen? Von einem Zustand der einigermaßen zufriedenstellenden Kontrolle über das eigene Leben kann bei *jedem* bestenfalls phasenweise die Rede sein. Wie ein kluger Mensch einmal sagte »Das Leben hat eine merkwürdige Art, uns auf die Probe zu stellen. Und zwar, indem entweder gar nichts geschieht, oder alles auf einmal.«[68] Diesen Eindruck können wir teilen – Phasen des relativ routinierten Alltagsgeschäftes (wann passiert endlich mal was?) werden abgewechselt von intensiven Phasen, die eine Menge an Organisationstalent und Abrufbarkeit der Kompetenzen verlangen. Dieses Auf und Ab kann man kaum verhindern. Es ist auch normal, sich ab und an überfordert zu fühlen. Hier hilft nur eine gesunde Haltung zu seinen eigenen Fähigkeiten. Das beste Mittel, um dann nicht die Nerven zu verlieren, ist, sich klar zu machen, dass es genug ist, wenn man so gut ist wie man ist. Man muss nicht besser sein. Es reicht vollkommen aus, wenn man sein bestes gibt. Jeder Künstler, jeder Unternehmer, jeder Mensch kennt das Pendel zwischen Herausforderung und Routine, von einfachen Abläufen, die man bereits beherrscht, zu ungewohnten Situationen, an denen man wachsen kann. Dann hilft es, sich immer nur den nächsten kleinen, aber notwendigen Schritt zu vergegenwärtigen und nur diesen zu tun. Babyschritte sind die einzigen Schritte, die du tun musst. Belaste dich nicht mit allen Schritten auf einmal. Bekanntlich gilt: nicht das Dringende zuerst, sondern das Wichtige. Dringend werden die Angelegenheiten bekanntlich von alleine, was wichtig ist, musst du selbst entscheiden können. Portioniere deine Arbeit. So bekommt man Ordnung in die vielen Dinge, die erledigt werden müssen, aber sie beherrschen nicht mehr alle auf einmal den Kopf.

KULTIVIERE EINE LEIDENSCHAFT

Du bist mehr als deine Arbeit. Aber deine Arbeit kann immer nur so gut sein, wie du selbst es bist. Daher musst du deine Energien sorgsam behandeln und dich ausreichend mit Dingen beschäftigen, die dein Leben reicher machen. Das Internet ist ein netter Ort zum Shoppen, Verkaufen, Kommunizieren und Entdeckungen machen. Aber wie bei allen guten Dingen haben wir auch hier für uns festgestellt: Ein Zuviel macht uns verrückt. Um Klarheit zu behalten, nehmen wir uns daher viel Zeit für uns selbst, fern dem Computerbildschirm und Ablenkung, die auf Dauer auslaugt. Ohne unseren Laufsport und ohne unsere Leidenschaften abseits des Tagesgeschäfts könnten wir nicht mit so großer Energie an die Arbeit gehen. Je leidenschaftlicher man am Leben teilnimmt, desto mehr Möglichkeiten erkennt man um sich herum. Spaß an der Arbeit kommt nicht vom Arbeiten, sondern von der Freiheit, arbeiten zu können, wie man möchte. Die besten Ideen hat man nicht am Schreibtisch und die wichtigste Arbeit findet nicht im Büro statt. Ein Unternehmen, das von Kreativität lebt, und jedes Unternehmen, das in Zukunft von Bestand sein wird, lebt von Kreativität, braucht Gründer, die mehr lieben als nur ihre Arbeit. Dein Geschäftskonzept muss es hergeben, dass du deine Zeit besser gestalten kannst, als in einem herkömmlichen Job. Gehe deinen Leidenschaften nach und bring den Schwung mit zurück in dein Unternehmen. Wenn du keine Zeit dazu hast, hast du kein gutes Geschäftskonzept.

DIE BESTEN IDEEN HAT MAN NICHT AM SCHREIBTISCH UND DIE WICHTIGSTE ARBEIT FINDET NICHT IM BÜRO STATT.

KUNDENSERVICE IST CHEFSACHE

Zum Geschäftskonzept unseres umsatzstärksten Unternehmens »supercraft« gehört ein Abo-Modell. Nicht gerade das beliebteste Verkaufsmodell, denn viele assoziieren mit einem Abo als erstes ein Produkt, das man nie wieder los wird. Oder sie fürchten gar die sogenannte »Abo-Falle«, also unbewusst oder unbedacht abgeschlossene Knebelverträge. Bei supercraft erhalten Kunden, wenn sie sich für ein Abo entscheiden, alle zwei Monate ein neues Komplett-Kit mit allem benötigtem Zubehör, Anleitungen und Inspiration für die Umsetzung verschiedener DIY-Projekte. Wir möchten den Menschen mehr Zeit für ihr kreatives Hobby geben und ihnen die Wege des Materialeinkaufs ersparen, Produktneuheiten zeigen und einen besseren Preis anbieten, als er beim Kauf der Einzelteile möglich wäre. Zeit sparen, Geld sparen und regelmäßig daran erinnert werden, kreativ zu arbeiten und sich Zeit für sich zu nehmen. Ein Abo-Modell bot sich an, denn die Regelmäßigkeit ist eine wichtige Komponente für das Ziel, das wir erreichen möchten. Und wie schafft man es, dass der Kunde nur die Vorteile eines Abos bekommt und nicht etwa einen lästigen Vertrag? Ganz einfach: Man gestaltet es so, wie man es sich

DAS SCHLIMMSTE, WAS DU DEINEM UNTERNEHMEN ANTUN KANNST, IST DISTANZ ZU DEINEM KUNDEN.

selbst als Kunde wünschen würde. Und das gilt für alle Angebote, die wir machen. Wir fragen uns: Macht es das Leben leichter? Würde ich es selbst kaufen und benutzen? Würde ich mich selbst darüber freuen? Diese Fragen müssen wir mit einem deutlichen Ja beantworten. Wir lieben unser Produkt so sehr, dass wir Leute, die es nicht haben wollen, auch nicht beliefern möchten. Ein einmaliges Kit ist eine einmalige Belieferung – eigentlich eine Selbstverständlichkeit, oder? Nicht selten wurden wir von anderen dafür belächelt. In konventioneller Hinsicht gilt: Den Kunden, den du hast, musst du festhalten. Wir glauben, er kommt von alleine zurück. Wir wünschen uns mündige Kunden, die selbst wissen, was sie haben möchten und was nicht. Und weil man auch mal etwas vergessen kann, erinnern wir sogar an eine rechtzeitige Kündigung, bevor sich unsere Abos verlängern. Eine eiserne Regel: Behandle deine Kunden so, wie du selbst als Kunde behandelt werden möchtest. Dann hast du den besten Kundenservice der Welt. Die Vorzüge, verschiedene Aufgaben der Unternehmensorganisation auszulagern, haben wir hinreichend beschrieben. Aber Kundenservice ist Chefsache. Wir beantworten E-Mails selbst, kümmern uns um die Probleme und Fragen, kennen Kulanz. Niemand liebt deine Firma oder dein Produkt so sehr wie du selbst. Wenn das Unternehmen größer wird, sollten nur loyale und empathische Mitarbeiter für den Kundenservice eingesetzt werden. Das Schlimmste, was du deinem Unternehmen antun kannst, ist Distanz zu deinem Kunden. Sprich deine Kunden mit ihrem Namen an, bedanke dich für ihre Kontaktaufnahme, wünsche ihnen einen schönen Tag. Egal, mit welchem Problem und in welchem Ton sie sich melden. Und noch etwas: Das Dümmste, was man als Unternehmer tun kann, ist die Geringschätzung seiner Kunden (oder Mitarbeiter), bewusst oder unbewusst, im privaten Bereich oder sogar öffentlich, zum Beispiel via Twitter. Wenn sie dein Produkt oder dich nicht verstehen, ist es nicht ihr Problem, sondern deins.

VERRAMSCHE NIEMALS DEINE ARBEIT

Ständige Rabattaktionen und Discounts an jeder Stelle sind keine gute Vermarktungsstrategie. Nur weil du vielleicht selbst ein Schnäppchenjäger bist, sollte dich das nicht dazu verleiten, deine eigene Arbeit zu verramschen. Deine eigene Arbeit sollte dir kostbar sein und deine Wunschkunden sollten sich nicht nur an Rabatten orientieren. Wenn du es mit der Rabattierung übertreibst, wird bald niemand mehr bereit sein, den vollen Preis zu bezahlen. Es ist besser, ein generell preiswertes Angebot zu haben und Rabattaktionen nur für bestimmte Anlässe einzuplanen. Es muss etwas Besonderes sein, einen Rabatt zu bekommen. Wie wirst du sonst deine regulären Preise rechtfertigen? Steh zu deinem Produkt, kenne den Wert deiner Arbeit und behandle dein eigenes Unternehmen nicht wie einen Discounter. Mal abgesehen davon, dass du es dir als Unternehmer nicht leisten kannst, deine Arbeit unter ihrem Wert zu verkaufen, sollte es dir klar sein, dass ewige Rabattierungen dich ruinieren können. Dein Produkt muss dein Leben finanzieren, signalisiere daher nicht, dass es nicht darauf ankäme. »Billig« ist nicht nur ein fürchterliches Wort, es ist auch eine fürchterliche Mentalität. Sie führt dazu, dass niemand mehr bewusst einkauft. Wenn du meinst, als Unternehmer könnte dir das egal sein, dann irrst du dich. Denn schließlich musst *du* von deinem Produkt leben, nicht deine Kunden.

SCHENKE DEINEN FANS MEHR AUFMERKSAMKEIT ALS DEINEN KRITIKERN

Wenn man seine Arbeit gewissenhaft tut und einem das Unternehmen am Herz liegt, neigt man dazu, negative Kritik höher zu bewerten als positive. Das ist ein schwerer Fehler. Denn dein unternehmerisches Selbstbewusstsein nährt sich von Erfolgserlebnissen und dem guten Gefühl, wenn Kunden zufrieden sind. Wir bekommen auf unser Angebot viele freundliche, teils begeisterte Zuschriften. Von vielen Tausend Kunden sind die meisten zufrieden, und nur ein Bruchteil ist enttäuscht. Wir haben eine sehr niedrige Retourenrate. Und trotzdem haben wir uns immer wieder dabei ertappt, Kunden, die unzufrieden waren und wahrscheinlich nie wieder bestellen werden, viel mehr Aufmerksamkeit und Energie zu schenken, als Kunden, die wieder und wieder bestellen. Unzufriedene Kunden beherrschen die Gedanken, sie nagen am Selbstbewusstsein und sie fordern die unternehmerische Kompetenz heraus. Aber sie sind nicht die, die unser Unternehmen am Leben erhalten. Natürlich wünscht man sich die Chance, auch enttäuschte Kunden beim nächsten Mal zu überzeugen. Aber trotzdem darf man seine vielen zufriedenen Kunden nicht vergessen. Sie machen sich nicht durch Kritik, sondern durch wiederholte Bestellungen bemerkbar. Beides ist wichtig, aber nur eines überlebenswichtig. Für den Erfolg deines Unternehmens vergiss nicht, wer es am Leben erhält, und belohne deine Fans, anstatt hauptsächlich deine Kritiker überzeugen zu wollen.

WICHTIG VON UNWICHTIG UNTERSCHEIDEN

Im eigenen Unternehmen entsteht häufig der Eindruck, die Arbeit sei nie zu Ende, es gibt immer noch etwas zu tun. Und das stimmt auch. Aber du brauchst eine gewisse Systematik, damit du dabei nicht vergisst, dein Leben zu leben. Auch Künstler vergessen sich manchmal in ihrer Kunst, aber nicht immer tut es ihnen gut. Wenn dir ein hohes Pensum schadet – und das tut es auf Dauer –, dann wäre nichts gewonnen. Daher gilt es, konsequent Wichtiges von Unwichtigem zu trennen. Wir haben die Regel, niemals mehr als zwei externe Termine pro Woche (wohlgemerkt nicht pro Tag!) in unsere Arbeitszeit zu integrieren. Sollte etwas wirklich fundamental Wichtiges dazwischenkommen, ist die Ausnahmeregel erlaubt, auf drei Termine aufzustocken. Wir veranstalten keine Meetings und vermeiden lange To-Do-Listen. Wir glauben, dass die meisten Menschen die Zeit als so schnelllebig empfinden, weil sie von einem zum anderen hetzen und für nichts wirklich Zeit bleibt. Aber wer der Uhr hinterherrennt, ist niemals frei. Die Organisation unserer Arbeitswelt hat erheblichen Anteil daran, dass wir von der Uhr beherrscht werden. Telefonate, Termine, Meetings. Während der Mittagspause wird nicht bewusst ge-

gessen, sondern mit Kollegen gequatscht – mit der Folge, dass man bald gar nicht mehr bei sich, sondern immer nur beim nächsten (Termin/Meeting/Geschäftssen/Telefonat …) ist. Gerade von solchen Arbeitstagen sollte der *selbstgesteuerte* Arbeitsentwurf dich befreien. Und dazu ist es nötig, wichtig von unwichtig zu trennen. »Einige Dinge sind nicht wichtig« – ein Mantra, das wir uns als Unternehmerinnen häufig ins Gedächtnis rufen. Nicht jede Presseanfrage muss sofort beantwortet werden, nicht jeder Anruf angenommen. Deine unternehmerische Arbeit sollte orientiert sein an dem Leben, das du führen möchtest, nicht an fremden Ansprüchen. Auch nicht an denen von Kunden. Auch weil wir konsequent wichtig von unwichtig zu unterscheiden gelernt haben und uns nicht davor fürchten, irgendetwas zu verpassen, laugt die Arbeit uns nicht aus.

Das Schöne an der Selbstständigkeit ist, dass du deinen Arbeitstag selbst gestalten kannst. Künstler wie auch Unternehmer sind (laut Klischee) freiheitsliebende Menschen. Viele Menschen möchten der fremdbestimmten Arbeitswelt entkommen und sich selbst verwirklichen. Um diese Freiheit auch genießen zu können, musst du die Prioritäten deines Lebens kennen. Dein Unternehmen muss dir am Herzen liegen, aber dein Leben ist mehr als deine Arbeit. Dein Umfeld, deine Familie, deine Hobbys sind wichtig für dich und daher auch für das Gelingen deines Unternehmens. Sie nähren den Künstler in dir und machen dich stark. Du solltest genug Zeit

> **FRIEDRICH NIETZSCHE HAT GESAGT:**
> **»WER VON SEINEM TAG NICHT ZWEI DRITTEL**
> **FÜR SICH SELBST HAT, IST EIN SKLAVE.«**

haben, der Muße nachzugehen, und jeden Tag definieren, womit du deine Zeit verbringen möchtest. Friedrich Nietzsche hat gesagt: »Wer von seinem Tag nicht zwei Drittel für sich selbst hat, ist ein Sklave.« Es geht nicht mehr darum, das Leben in

Arbeit und Urlaub aufzuteilen. Als Unternehmer und Künstler lässt man sich seine Arbeit nicht von Wochentagen und Ferienzeit diktieren. Deine Freiheit besteht darin, die Wahl zu haben: Woran du arbeitest. Wie du arbeitest. Wann du arbeitest und mit wem du arbeitest. Aber die Verantwortung, diese Freiheit zu gestalten, liegt auch bei dir.

LIEBER FREI ALS GROSS

Wir haben nicht den Anspruch, Hundertausende von DIY-Kits zu vertreiben. Unser Ziel ist es, die besten DIY-Kits anzubieten und die Werte der Selbstständigkeit und Selbstermächtigung zu transportieren. Dazu brauchen wir keine Investoren. Realistisch betrachtet wäre es eine Qual, unser Geschäft von der Nische auf ein Massenniveau aufblasen zu müssen. Wäre es unserer Vision, unserer täglichen Arbeit, unserer Freizeit und letztlich unserer Gesundheit zuträglich, wenn wir uns Wachstum zum Ziel gesetzt hätten anstelle von Freiheit? Wollen wir überhaupt ein Millionengeschäft? Ist es das Leben, das wir uns als Unternehmer gewünscht haben? Wichtige Fragen, die auch du dir stellen solltest! Uns ist Flexibilität und Unabhängigkeit wichtig. Wir wollen frei sein und über unseren Tag und unsere Arbeit selbst bestimmen. All unsere Wettbewerber sind mit viel mehr Kapital ausgestattet als wir und wir sehen, wie sie alle langsam aber sicher zu Unternehmen mit jenen Strukturen werden, vor denen wir selbst vor ein paar Jahren geflohen sind. Sie setzen vielleicht mehr um, aber wann machen sie Gewinne? Sie haben schnell viele Angestellte, aber sie werden mit jedem Schritt unflexibler. Was wir mit zwei Personen als Kernteam und mit wenigen Mitarbeitern und einem freien Netzwerk schaffen, steht in unserer Branche den mit vielen Hunderttausend, manchmal Millionen von Euro ausgestatteten Wettbewerbern in nichts nach. Wir machen seit unserem ersten Geschäftsjahr Gewinne. Weil wir kaum etwas ausgeben mussten, sogar schon ab dem ersten Geschäftsmonat! Wir sind klein und flexibel; wenn wir merken, dass etwas nicht funktioniert, können wir uns ohne verheerende Maßnahmen neu justieren. Wir brauchen keine Angst haben vor der vermeintlich großen Konkurrenz. Kunden honorieren nicht Größe, sondern das bessere Produkt, und um das zu entwickeln, braucht es vor allem Kreativität. Und die erhält man sich, indem man Freiheit höher bewertet als Größenwachstum.

ENJOY YOURSELF

Arbeit ist lästig, wenn sie sich wie ein Hindernis anfühlt. Im Alltag vergisst man schnell, welch Privileg der selbstbestimmte Arbeitstag ist. Die Wäsche türmt sich, der Kühlschrank ist leer, der Hund muss raus. Die Wirklichkeit steht vor der Tür und auch sie will jeden Tag bewältigt werden. Das englische »Enjoy yourself«, für das es im deutschen keine klare Verwendung gibt (auch daran erkennt man einen Volkscharakter) meint wörtlich: »sich an seiner selbst erfreuen«, »sich selbst genießen«. Und das ist es, was man sich erhalten muss. Egal, wie viel oder wie wenig grade zu tun ist. Es hört sich banal an, aber man muss sich an seinem Alltag erfreuen können. Nicht jede Minute mit Arbeit füllen, sondern sich erlauben, frei zu sein und auch mal langweilig oder faul. »Die Kunst des Ausruhens ist ein Teil der Kunst des Arbeitens«, schrieb John Steinbeck. Warum muss Arbeit immer der Ernst des Lebens sein? Diese Frage haben wir eingangs schon gestellt. Und es leuchtet uns immer noch nicht ein, warum es so sein sollte. Wenn es keinen Spaß macht, was du dir selbst ausgesucht hast, warum tust du es dann? Für Geld kann man auch einen bequemeren Job machen. Zur Freiheit gehört es, sich an ihr freuen zu können.

FREI SEIN

»Freiheit statt Freizeit!«

Joseph Beuys

Wir haben uns bei diesem Buch sehr viel gedacht. Es steckt viel Überzeugung darin. Ein Buch zu schreiben, ist ein bisschen wie ein kreatives Unternehmen zu gründen. Man weiß nicht, wie es aufgenommen wird. Man weiß nicht, ob es überhaupt beachtet wird. Man fürchtet die Kritik, noch bevor man die ersten Zeilen geschrieben hat. Zuerst braucht man eine gute Idee. Dann durchläuft man viele Phasen der Konzeptionierung, überlegt sich eine Struktur und legt los. Man fühlt sich mal gut, mal unsicher, aber man geht jeden Tag an seine Arbeit. Man schaltet nicht ab, nie – im Gegenteil: Man saugt alles in sich auf, immer mit dem besonderen Blick darauf, etwas von den Einflüssen aus dem Alltag verwenden zu können. Die Arbeit macht großen Spaß, manchmal fordert sie einen, man bildet sich weiter, recherchiert, weil man alles wissen möchte, was mit dem Thema zusammenhängt. Man möchte, dass es richtig gut wird, dass der Leser (Kunde) wirklich etwas davon hat. Man fühlt sich jeden Tag sicherer, obwohl man weiß, dass das Resultat, obwohl man alles gegeben hat, nicht fehlerfrei sein wird und unter den Erwartungen bleiben könnte. Während des ganzen Prozesses lernt man sehr viel über sich selbst, und das Ergebnis ist etwas ganz Besonderes. Ein Produkt der eigenen Kreativität.

Ein Buch ist bekanntlich immer dann gut, wenn man es zur rechten Zeit liest. Wir hoffen, wir können den Künstler und den Unternehmer in dir inspirieren, aber so wie wir schon zu Beginn des Buches darauf hingewiesen haben: In der Selbstständigkeit geht es nicht hauptsächlich ums Wissen, sondern ums Machen. Gute Tipps sind oft goldwert, aber: Niemand hat je das Schlittschuhlaufen gelernt, weil er ein Buch darüber gelesen hat, oder es ihm ganz genau erklärt wurde. So ist es auch mit der beruflichen Selbstständigkeit. Man muss aufs Eis! Man muss sich der Sache hingeben und sich verpflichten, dass sie gut wird! Man muss Lust dazu haben! Hinfallen, aufstehen, laufen lernen. Kein Buch kann dir diese Arbeit abnehmen.

> **NIEMAND HAT JE DAS SCHLITTSCHUH-LAUFEN GELERNT, WEIL ER EIN BUCH DARÜBER GELESEN HAT, ODER ES IHM GANZ GENAU ERKLÄRT WURDE. SO IST ES AUCH MIT DER BERUFLICHEN SELBSTSTÄNDIGKEIT. MAN MUSS AUFS EIS!**

Worauf kommt es in der beruflichen Selbstständigkeit nun an? Auf besondere Fachkenntnisse? Teilweise. Hängt der Erfolg vielleicht davon ab, dass besonders viel Startkapital vorhanden ist? Nicht unbedingt. Muss man sich vielleicht besonders gut mit Zahlen auskennen, oder sein ganzes Leben nach der Arbeit ausrichten? Ganz falsch. Worauf es wirklich ankommt ist: Kreativität. Es kommt darauf an, eine Idee zu haben und sie originell umzusetzen. Auf Gestaltungslust, Ausdauer und den Sinn dafür, was den Menschen fehlt, und die Freude daran, ihnen eine Lösung anzubieten. Empathie, die Fähigkeit mit Unsicherheiten umgehen zu können, und ein starkes persönliches Wertesystem helfen mehr als ein ausgeklügelter Businessplan. Der Künstler in dir ist heute viel stärker gefragt als der Excell-Tabellen-Manager, zu dem die angestellte Arbeitswelt dich machen will.

Fast jeder hat heute das Zeug dazu, den Künstler und den Unternehmer in sich zu aktivieren, und nicht nur selbstbestimmt und frei zu arbeiten, sondern auch die Wirtschaft bunter, kreativer und besser zu machen. Wir sind überzeugt: Die Zukunft der Arbeit gehört den Selbstständigen, die wissen wo ihre Kunst liegt und die sich nicht scheuen, ohne Anleitung zu arbeiten. Menschen, die Lust haben, zu gestalten, und von sich sagen wollen: »Das habe ich selbst gemacht!« Wer frei sein will, der muss sich auch trauen und beginnen, sich etwas aus seiner Freiheit zu machen.

Wir wünschen dir ganz viel Spaß, unternehmerisches Selbstbewusstsein und Erfolg bei deiner Arbeit!

Catharina + Sophie

.

TEIL 3

FORMALITÄTEN

WILLKOMMEN IN DER REALITÄT

»Jeder Idiot kann eine Krise bewältigen.
Es ist der Alltag, der uns fertig macht.«

Anton Tschechow

»Von der Wiege bis zur Bahre, Formulare, Formulare!« Es ist wohl kein Zufall, dass dieser Ausspruch dem deutschen Volksmund zugeordnet wird. Tatsächlich scheinen wir hierzulande für alles einen Sachbearbeiter und eine eigene Behörde zu haben. Wenn man sich entschließt, ein Unternehmen zu gründen, lernt man unter Umständen besonders viele davon kennen. Fast jede Gründerin oder Gründer, mit dem wir bisher gesprochen haben, teilen uns mit, dass sie sich Hilfestellung bei den formellen Anforderungen wünschen, aber von Beratungsgesprächen desillusioniert sind. Beratungsangebote gibt es viele. Aber die Erfahrungen aus Gründerberatungen sind sehr durchmischt. Nicht selten werden da Träume zerstört und Gründungsvorhaben aus Versehen ausgeredet, weil – anstatt an der praktischen Kunst zu feilen – immer noch an der Theorie von Businessplänen geklebt wird.

Hier erfährst du, was dich erwartet und was du für den Anfang beachten musst. Wir erheben hierbei keinen Anspruch auf Vollständigkeit. »Unwissenheit schützt vor Strafe nicht« ist der Lieblingssatz eines jeden deutschen Beamten, daher sollte man sich mit den Bestimmungen, die für die eigene Situation gelten, selbst vertraut machen. Ein individuelles Beratungsgespräch kann immer sinnvoll sein und auch das Internet bietet sehr viele Informationen zum Thema. Aber nicht vergessen: Alles was du wissen musst, kannst du einfach recherchieren. Aber es reicht nicht, sich nur auszukennen. Am besten lernt man, wie man ein Unternehmen gründet, während man es tut.

»Never give up on what you really want to do. The person with big dreams
is more powerful than one with all the facts.«

Albert Einstein

STATUS DER SELBSTSTÄNDIGKEIT

Gleich zu Beginn deiner Selbstständigkeit musst du dir darüber klar werden, ob deine selbstständige Tätigkeit in den Bereich der freien Berufe fällt, oder ob ein Gewerbe angemeldet werden muss. Freiberufler genießen gegenüber Gewerbetreibenden einige Vorteile, daher sollte der Status auf jeden Fall genau festgestellt werden. Hierbei können der Steuerberater und die Industrie- und Handelskammer helfen.

Freiberuflichkeit

VORTEILE DER FREIBERUFLICHKEIT:

- *Keine Gewerbeanmeldung erforderlich*
- *Nur das zuständige Finanzamt muss über die Gründung informiert werden*
- *Keine Pflicht, der IHK beizutreten*
- *Gewerbesteuerfreiheit*
- *Keine doppelte Buchführung (keine Bilanz)*
- *Einfachere Buchführung (Einnahmen-Überschuss-Rechnung)*

Eine freiberufliche Tätigkeit muss eine eigenverantwortliche, unabhängige Dienstleistung im Sinne des Auftraggebers oder der Allgemeinheit sein und im Gegensatz zur gewerblichen Tätigkeit, muss der Freiberufler eine berufliche Qualifikation vorweisen können *oder* eine besondere schöpferische Begabung zum Ausdruck bringen.[1] Ein Arzt ist damit genauso Freiberufler wie ein Künstler. Ergänzend zur fachlichen Qualifikation (etwa ein zur Tätigkeit passendes Studium) ist also auch eine schöpferische Eigenleistung ein wichtiges Unterscheidungsmerkmal. Jemand, der bedruckte T-Shirts verkauft, ist ein Gewerbetreibender, während jemand, der selbst gestaltete T-Shirts verkauft (Designer mit Designstudium) womöglich ein Freiberufler ist. Speziell bei den Berufen wie Softwareentwickler oder anderen neueren Berufen scheiden sich die Geister, ob ein ausreichend schöpferischer Beitrag geleistet wird. Ein Journalist ist zum Beispiel ein klassischer freier Beruf, aber ist jeder der einen Blog schreibt, ein Online-Journalist und damit Freiberufler? Nicht ohne Weiteres, denn Freiberuflichkeit erfordert eben die nachweisbare fachliche Kompetenz, um vom Gesetz anerkannt zu werden. Während wir in diesem Buch argumentieren, dass wir alle kreative Künstler sind, verlangt der Gesetzgeber dafür überzeugende Beweise.

Das zuständige Finanzamt entscheidet, ob eine freiberufliche Tätigkeit besteht oder nicht. Wer eine vom Gesetz her als freien Beruf eingestufte Tätigkeit ausübt, ist auf der sicheren Seite.[2] Die Auflistung ist aber keinesfalls vollständig oder eindeutig, sie lässt sogar relativ viel Raum zur Interpretation. Sollte die Freiberuflichkeit in Betracht kommen, also zum Beispiel eine persönliche, kreative Dienstleistung angeboten werden, ohne dass eine eindeutige berufliche Qualifikation (z.B. Studium) vorliegt, ist es ratsam, zusammen mit dem Steuerberater eine hieb- und stichfeste Argumentation zu erarbeiten und den Status des Freiberuflers nur dann zu nutzen, wenn er auch tatsächlich unstrittig ist. Selbst wenn eine freiberufliche

Tätigkeit vorläufig vom Finanzamt anerkannt wird, bedeutet das nicht, dass nicht rückwirkend Gewerbesteuern fällig werden, wenn im Nachhinein eine gewerbliche Tätigkeit festgestellt wird. Kläre also auf jeden Fall den Status deiner Selbstständigkeit und prüfe, ob eine freiberufliche Tätigkeit infrage kommt, oder nicht.

Gewerbliche Tätigkeit

Alles, was nicht als freiberufliche Tätigkeit anerkannt wird, fällt in den Bereich der gewerblichen Tätigkeiten. Solange noch keine großen Gewinne erwirtschaftet werden, sind auch Gewerbetreibende (Kleinunternehmer) von der Bilanz befreit und müssen nicht sofort Gewerbesteuer abführen. Personengesellschaften und Einzelunternehmern wird ein Freibetrag von derzeit 24 500 Euro gewährt.[3] Die Gewerbesteuer kommt der Gemeinde zugute, daher ist für die Gewerbesteuer der Firmensitz ausschlaggebend.

Da das Ziel nicht sein kann, unter dem Freibetrag zu bleiben, muss das Abführen der Gewerbesteuer mittelfristig eingeplant werden. Im Internet lassen sich verschiedene kostenlose Online-Gewerbesteuerrechner zur Ermittlung der anfallenden Gewerbesteuer finden. Wer seine anfallende Gewerbesteuer schon vor dem Jahresabschluss beiseitelegen will, kann mit diesen Tools eine Hilfestellung bekommen. Als Gewerbetreibender muss man selbstverständlich sein Gewerbe beim zuständigen Gewerbeamt anmelden. Dies geschieht relativ zügig per Formular (die Gewerbeanmeldung kann zur Vorbereitung zum Ausdrucken von der Website des zuständigen Gewerbeamtes heruntergeladen werden) und alles, was man braucht, ist der Personalausweis (oder Reisepass) und zwischen 20 und 50 Euro. Sobald das Gewerbeamt von der Gründung weiß, wird das Finanzamt verständigt, um eine Steuernummer zu vergeben. Außerdem wird die Industrie- und Handelskammer informiert, um den Pflichtbeitrag zu ermessen, sowie ggf. spezielle Berufsgenossenschaften, sofern auch dort eine Pflichtmitgliedschaft besteht. In manchen Fällen muss eine Handelsregistereintragung per Notar vorgenommen werden (bei Kaufleuten, die bestimmte Kriterien eines unternehmerischen Betriebs erfüllen – hier kann die IHK im Einzelfall bei der Bestimmung helfen).

Sollte sich dein Status im Laufe der Zeit doch auf die Freiberuflichkeit ändern, ist die Gewerbeabmeldung unproblematisch – auch im Nachhinein. Jedoch fälschlicherweise als Freiberufler anzufangen und später in eine gewerbliche Tätigkeit zu wechseln, kann sehr teuer und nervenaufreibend sein.

RECHTSFORM WÄHLEN

Für die Gründung in Deutschland kommen ganz verschiedene Rechtsformen infrage. Alle haben Vor- und Nachteile, die jeweils für die persönliche Situation abgewogen werden sollten. Jeder wünscht sich sicherlich eine Haftungsbeschränkung, aber nicht jeder erfüllt die Kriterien dafür, eine Rechtsform wählen zu können, die dies gewährleistet (wie zum Beispiel eine GmbH oder UG). Für die Gründung einer GmbH werden mindestens 25 000 Euro Stammkapital nötig. Die Gründung einer GmbH ist immer gewerblich, auch wenn sie von Freiberuflern gegründet wird. Eine UG (Unternehmergesellschaft oder Mini-GmbH) ist nur möglich, wenn sich maximal drei Gründer zusammenschließen, sie kann aber bereits mit einem Euro Startkapital gegründet werden. Wenn nicht alle Gründer Freiberufler sind, ist die Gründung automatisch gewerblich. Wer seine Haftung einschränken möchte und über das nötige Stammkapital verfügt, kann anstelle einer Personengesellschaft eine Kapitalgesellschaft gründen. Die Gründung von Kapitalgesellschaften unterliegt mehr Bürokratie und Vorschriften, benötigt zur Gründung unterschiedliche Höhen an Stammkapital und erfordert eine aufwändigere Verwaltung. Es wird zum Beispiel eine doppelte Buchführung notwendig (ein Verfahren aus dem Mittelalter[4]...). Dafür sind sie haftungsbeschränkt und das bedeutet für die Gründer im Falle einer Insolvenz ein überschaubares Risiko.

Wir möchten hier auf die einfachsten und unbürokratischsten Wege hinweisen, anstatt im Detail auf alle verschiedenen Rechtsformen einzugehen. Rechtsformen, die sehr viel Startkapital oder hohen Aufwand bedeuten, lassen wir daher weitestgehend unbeachtet. Am besten ist es, sich von einem Steuerberater über die Rechtsformen aufklären zu lassen und auf diesem Wege die beste zu finden. Ein persönliches Beratungsgespräch ist an dieser Stelle sehr sinnvoll.

Einzelunternehmer und GbR

Die einfachste und kostengünstigste Variante der Rechtsform ist bei alleiniger Gründung die des Einzelunternehmers und bei gemeinschaftlicher Gründung die der GbR (Gesellschaft des bürgerlichen Rechts). In einer GbR schließen sich zwei oder mehrere Personen zu einem gewerblichen oder nicht-gewerblichen Zweck zusammen. Eine GbR ist unbürokratisch, ihr liegen einfache Rechnungslegungs- und Informationspflichten zugrunde, und es gibt kein vorgeschriebenes Mindestkapital, das eingebracht werden muss. Sowohl als Einzelunternehmer, also auch in einer GbR, tragen die Gründer das alleinige Risiko und haften mit dem persönlichen und dem Geschäftsvermögen. Auch ein Einzelunternehmer kann Mitarbeiter haben. Einzelunternehmer zu sein bedeutet *nicht* etwa, dass man alleine arbeiten muss.

Eine persönliche Haftung, wie sie bei Personengesellschaften der Fall ist, hört sich sehr gefährlich an, stellt aber keineswegs ein so extremes Risiko dar, wie viele automatisch annehmen. Trotzdem muss man wissen, dass eine unbeschränkte, persönliche Haftung mit dem Geschäfts- und Privatvermögen bedeutet, auch auf zukünftige Einkünfte und noch auf Jahre hin belastet zu sein, sollte eine Haftung in Kraft treten. Wenn man aber entsprechenden Versicherungsschutz in Anspruch nimmt und seine Zahlen im Blick behält, kann auch bei persönlicher Haftung mit kalkulierbarem Risiko gegründet werden.

PFLICHTMITGLIEDSCHAFTEN UND MELDEPFLICHTEN

Als Gründer kommen bestimmte Pflichtmitgliedschaften und Meldeplichten auf dich zu. Für alle Gewerbetreibenden ist eine Mitgliedschaft in der IHK zwingend, für Handwerker die Mitgliedschaft in der Handwerkskammer. Freiberufler sind von den Pflichtbeiträgen der Kammern ausgenommen, genau wie Landwirte. Die Anmeldung in einer für deine Branche zuständigen Berufsgenossenschaft ist auch für Freiberufler Pflicht. Jeder Gründer muss sich innerhalb einer Woche nach der Gründung bei der jeweiligen Berufsgenossenschaft melden. Berufsgenossenschaften sind gesetzliche Unfallversicherungträger für Unternehmer, aber vor allem für ihre Beschäftigen. Sie gehören zur gesetzlichen Sozialversicherung. Gedacht ist das Ganze als Hilfestellung, um der unternehmerischen Verantwortung gegenüber den Beschäftigen nachzukommen. Der Unternehmer selbst ist – mit Ausnahme der Textil- und Bekleidungs- sowie Druck- und Papierverarbeitungsbranche – nicht verpflichtet, sich über die Berufsgenossenschaft zu versichern und kann auch auf Antrag von dem Beitrag befreit werden. Dies geht aber nur, wenn er selbst kaum im Betrieb ist. Als Unternehmer kann man sich aber freiwillig in der Berufsgenossenschaft gegen Arbeitsunfälle versichern. Informationen dazu erhältst du direkt bei der zuständigen Berufsgenossenschaft.

Künstlersozialkasse

Für Künstler (bildende, darstellende Künste, Musik etc.) und Publizisten (Journalisten, Schriftsteller), die selbstständig sind und einige Freiberufler ist die Meldung bei der KSK Pflicht. Sie ist kein Leistungsträger oder Krankenkasse an sich, sondern ermöglicht es, in die gesetzliche Kranken- Pflege- und Rentenversicherung einzubezahlen, auch wenn man nicht angestellt ist.

Meldung von Beschäftigten

Sobald du den ersten Angestellten hast, musst du beim Arbeitsamt eine Betriebsnummer beantragen. Sie wird für die Anmeldung der Sozialversicherungsbeiträge nötig und ist auch für die Anmeldung deiner Angestellten bei der Krankenkasse wichtig. Hier hilft der Steuerberater.

Zusammenfassung

Sofern du keiner freiberuflichen Tätigkeit nachgehest, musst du ein Gewerbe anmelden. Sobald das geschehen ist, erhältst du automatisch deine Unterlagen vom Finanzamt. Innerhalb einer Woche musst du dich bei einer Berufsgenossenschaft melden (welche das ist, kannst du direkt bei der gesetzlichen Unfallversicherung erfahren). Die IHK-Mitgliedschaft ist Pflicht, eine Eintragung ins Handelsregister nur für Kaufleute, die eine bestimmte Komplexität in ihrer Betriebsorganisation aufweisen. Zusammenfassend ist der Lauf von Amt zu Amt für Einzelunternehmer beziehungsweise Freiberufler nur am Anfang etwas verwirrend. Es ist ratsam, sich von seinem Steuerberater über Meldepflichten und Pflichtbeiträge aufklären zu lassen, oder direkt bei der Behörde nachzufragen. Auch die IHK hat umfassende Beratungsangebote – allerdings gilt wie immer: Alles, was von der unternehmerischen Tätigkeit ablenkt und viel Zeit abseits des Kerngeschäftes bedeutet, ist für den unternehmerischen Erfolg hinderlich. Natürlich ist es wichtig, sich mit den Bestimmungen auszukennen und sich an die Spielregeln zu halten, um nicht trotz Unwissenheit belangt zu werden. Aber die Behörden sollten dich in keinem Fall in deinem Enthusiasmus bremsen.

PERSÖNLICHE VERSICHERUNGEN

Für Gründer kommen verschiedene Versicherungen infrage, die persönliche und betriebliche Risiken abfedern können. Letztlich muss aber jeder für sich entscheiden, welche Versicherungen notwendig und welche verzichtbar sind. Das deutsche Sozialversicherungssystem ist eine wahre Errungenschaft, jedoch stark ausgerichtet auf die abhängige Beschäftigung. Obwohl die Sozialversicherungen sich heutzutage an die individuellen Lebensentwürfe anpassen lassen sollten, sind Reformen zugunsten der Selbstständigkeit nicht in Sicht.[5] Je weniger Menschen sich selbstständig machen, desto weniger werden freie Arbeitsmodelle sozialpolitisch beachtet. Politik richtet sich nach einer möglichst großen Wählerschaft, nur wenn es mehr Selbstständige gibt, die ihre Arbeitsentwürfe durchsetzen, steigt hier der Reformdruck. Die Möglichkeiten der Sozialversicherung bestehen natürlich trotzdem, da es aber keinen Arbeitgeber gibt, liegt der Versicherungsschutz in deiner eigenen Verantwortung oder ist gesetzlich geregelt.

Für alle Bürger der Bundesrepublik, also auch für alle Selbstständigen, gilt die Krankenversicherungspflicht. Für viele gesetzliche Krankenkassen sind Selbstständige aber immer noch keine relevante Zielgruppe, von daher werden sie auch nicht besonders umworben. Tatsächlich ist es so, dass Selbstständige häufig zunächst in eine sehr hohe Beitragsgruppe eingestuft werden. Es ist aber möglich, einen Antrag auf Beitragsminderung zu stellen. Diese Möglichkeit wird nicht von der gesetzlichen Krankenkasse kommuniziert, frage daher gezielt nach den Möglichkeiten einer Beitragsminderung, sofern dein Einkommen es erforderlich macht, um nicht in Vorleistung gehen zu müssen. Der Beitrag gesetzlicher Krankenkassen bemisst sich nach dem Einkommen anhand des Steuerbescheids. Da es bei Aufnahme der selbstständigen Tätigkeit noch keinen Steuerbescheid und auch keine Gehaltsabrechnung zur Beitragsermittlung gibt, werden viele Gründer anfangs in eine falsche Beitragsgruppe eingestuft. Als Unternehmer kann man zwischen der gesetzlichen Krankenkasse und der privaten Krankenkasse wählen. Der Beitrag in der privaten Krankenversicherung richtet sich nach Alter und Gesundheitszustand, nicht nach dem Einkommen. Häufig wird für Selbstständige eine private Krankenversicherung empfohlen, weil sie besser auf spezielle Bedürfnisse anpassbar ist. Bei Vorerkrankungen und hohem Risiko sind die Tarife allerdings nicht so günstig und in wirtschaftlich schlechten Jahren erfolgt keine Anpassung der Beiträge, so wie bei der gesetzlichen Krankenversicherung. Außerdem ist zu beachten, dass ein Wechsel zurück in die gesetzliche Krankenkasse nahezu unmöglich ist. Ob man sich über die KSK versichern kann (oder muss!), sollte man genau für sich prüfen. Die Künstlersozialkasse übernimmt den Anteil, den bei Angestellten der Arbeitgeber an Sozialversicherungsbeiträgen leistet. Seine Krankenkasse kann man sich weiterhin selbst aussuchen. Das Anmeldeverfahren ist relativ langwierig und beinhaltet, dass die KSK die hinreichend unabhängige und künstlerische Tätigkeit langfristig bewiesen sieht. Größter Vorteil der KSK ist, dass nur ein Teil der Sozialversicherungsbeiträge selbst gezahlt werden muss und auch Beiträge in die gesetzliche Rentenversicherung fließen. Eine private Altersvorsorge sollte aber in jedem Fall zusätzlich zu den Beiträgen zur gesetzlichen Rentenversicherung in Betracht gezogen werden. Wenn der Künstler versichert ist, muss der Unternehmer eventuell auch noch versorgt werden, wenn die Beiträge nicht hoch genug für eine ausreichende Altersvorsorge sind. Die Beiträge richten sich nach dem Einkommen. Sobald man als Unternehmer mehr als eine Person einstellt (in Vollzeit, nicht geringfügig oder zur Berufsausbildung), erlischt die Möglichkeit, sich selbst über die KSK zu versichern. Wenn du Künstler oder Publizisten frei beschäftigst, muss eine Künstlersozialabgabe geleistet werden, da sich die KSK teilweise über diese Abgaben finanziert. Sofern du also vorhast, mit Freiberuflern und freien Kreativen zusammenzuarbeiten, vergewissere dich, ob eine KSK-Abgabe nötig wird. Der Versicherte selbst hat keine Informationspflicht gegenüber seinem Auftraggeber, die Meldung liegt in der Verantwortung des Unternehmers. Die KSK kann nicht gezahlte Beiträge auch noch nachträglich verlangen. Wenn man also über Jahre hinweg KSK-Mitglieder engagiert, aber nie eine KSK-Abgabe zahlt, kann das sehr teuer werden. Wir erinnern uns: »Unwissenheit schützt vor Strafe nicht«. Sowohl für Unternehmer, die KSK-Mitglieder beschäftigen, als auch für eine gegebenenfalls eigene Mitgliedschaft sollte man sich bei der KSK direkt beraten lassen und den eigenen Steuerberater zu Rate ziehen.

Rentenversicherung/Altersvorsorge

Die große Angst vor der Altersarmut ist selbst bei abhängig Beschäftigten, die unregelmäßig in die Rentenkasse eingezahlt haben, groß. Als Unternehmer besteht derzeit keine gesetzliche Verpflichtung, in die Rentenkasse einzubezahlen.[6] Niemand kann heute sagen, wie es in ein paar Jahrzehnten um die gesetzliche Rentenversicherung bestellt sein wird. Trotzdem sollte man sich mit seiner Altersvorsorge beschäftigen. Ob nun Rentenversicherung, Riesterrente (nur für gesetzlich Rentenversicherte) oder »Rürup« (für alle, die nicht »Riestern« können) als staatlich bezuschusste Formen – bei der Altersvorsorge muss man sich beraten lassen. Selbst Angestellte sollten dies heute nicht mehr ausschließlich ihrem Arbeitgeber überlassen. Um zusätzlich vorzusorgen, ist es das Mindeste, sich ein Tagesgeldkonto mit günstigem Zinssatz einzurichten und es als klassisches Sparkonto zu benutzen. Zum Unternehmertum gehört die Sparsamkeit. Dass man als Unternehmer (und als Künstler!) mit dem gesetzlichen Rentenalter wahrscheinlich nicht aufhören möchte zu arbeiten, kommt der Einkommenssituation im Alter natürlich sehr entgegen. Die Mentalität des Unternehmers und eine gewisse Unrast des Künstlers zeigen sich hier erneut als die perfekte Einstellung für ein kreatives Leben, das mit 65 Jahren (und wer weiß, wo das gesetzliche Rentenalter in ein paar Jahren liegt!) noch lange nicht vorbei ist.

Berufsunfähigkeit

Niemand wünscht sich, arbeitsunfähig zu werden. Die meisten von uns denken daher auch nie daran. Aber wenn doch etwas passiert, kann eine Arbeitsunfähigkeitsversicherung bei Arbeitsunfähigkeit die Existenz sichern. Die Risiken, seine Arbeit unverhofft nicht mehr ausüben zu können, sind natürlich sehr schwer zu beurteilen, schließlich weiß man nicht, ob man verunfallt. Auch bedeutet Arbeitsunfähigkeit nicht unbedingt Erwerbsunfähigkeit. Die Wege, um als Unternehmer Krankengeld zu erhalten, sollten im Einzelfall geprüft werden. Wir wollen diese Möglichkeit hier nur kurz anreißen und für den Einzelfall auf ein Beratungsgespräch verweisen. Dazu wendet man sich am besten an die gesetzliche oder an private Unfallversicherungen.

Freiwillige Arbeitslosenversicherung

Als Unternehmer hat man die Möglichkeit, freiwillig in die gesetzliche Arbeitslosenversicherung einzubezahlen. Dazu muss der Antrag allerdings in den ersten drei Monaten nach der Unternehmensgründung gestellt werden. Außerdem muss man, um die freiwillige Arbeitslosenversicherung in Anspruch nehmen zu können, selbst in den letzten beiden Jahren vor der Antragsstellung pflichtversichert (also angestellt) gewesen sein. Viele Experten sind sich heute einig, dass die Leistungen der Arbeitslosenversicherung die Beitragssätze nicht rechtfertigen. Der Beitrag ist relativ hoch (monatlich ca. 70 bis 85 Euro, abhängig vom Bundesland); in den ersten zwei Jahren besteht für Gründer eine Sonderregelung und sie zahlen nur die Hälfte. Die Leistungen im Bedarfsfall (also bei Geschäftsaufgabe oder langfristiger Auftragsflaute) orientiert sich an einem »fiktiven Arbeitsentgelt« und an der Qualifikation des Versicherten. Zudem sind sie zeitlich begrenzt. Ob es sich lohnt, freiwillig einzubezahlen, muss jeder für sich selbst prüfen.

BETRIEBLICHE VERSICHERUNGEN

Um einen angemessen Versicherungsschutz zu haben, sollte man als Unternehmer genau wissen, wo überhaupt die Risiken im eigenen Unternehmen liegen. Als Selbstständiger kann man es sich nicht leisten, »überversichert« zu sein. Eine betriebliche Haftpflichtversicherung ist sinnvoll, denn sie deckt mögliche Schadensersatzansprüche von Kunden, Lieferanten, aber auch Mitarbeitern, Besuchern und Geschäftspartnern ab. Sie gehört zu den wichtigsten betrieblichen Versicherungen, da sie Personen-, Sach- und Vermögensschäden versichert. Für einige Unternehmen kann auch eine *Geschäftsinhalteversicherung* sinnvoll sein. Sie versichert gegen Feuer, Einbruch und andere Unglücksfälle, wenn etwa Lagerhallen mit Warenbestand oder Maschinen in Flammen aufgehen oder im Hochwasser davon schwimmen.

Eine übertriebene Versicherungsmentalität steht einem Unternehmer in seiner täglichen Arbeit nur im Weg. Als Unternehmer muss man lernen, seine Risiken vernünftig einschätzen zu können. Einige Versicherungen sind unentbehrlich, andere sind überflüssig. Welche das sind, musst du für dich persönlich und für dein Unternehmen abschätzen können. Wie immer gilt, wenn du dich beraten lässt, dann von einem unabhängigen Berater. Besonders bei Versicherungen sollte man auf die Unabhängigkeit des Beraters achten.

STEUERN

Als Unternehmer ist man zu verschiedenen Steuererklärungen verpflichtet. Die wichtigsten Steuern sind die Einkommensteuer, die Umsatzsteuer, eventuell die Gewerbesteuer und – sofern Angestellte beschäftigt werden –, auch die Lohnsteuer. Die steuerliche Belastung kann Selbstständigen regelrechten Kummer bereiten, wenn sie ihre Buchführung vernachlässigen.

Kleinunternehmerregelung

Ob es sinnvoll ist, die sogenannte Kleinunternehmerregelung in Anspruch zu nehmen, musst du genau abwägen; hauptsächlich aus dem Grund, dass es bei einer Vollzeitselbstständigkeit nicht das Ziel sein kann, einen Jahresumsatz von nur bis zu 17 500 Euro zu erwirtschaften – denn das ist die Jahresobergrenze für Kleinunternehmer. Gedacht ist die Regelung zur Erleichterung der Buchführung. Der Kleinunternehmer braucht keine Umsatzsteuervoranmeldung abzugeben und damit auch keine Umsatzsteuervorauszahlungen zu leisten. Er weist auf seinen Rechnungen die Umsatzsteuer gar nicht erst aus, sondern weist darauf hin, dass er befreit ist. Wenn sie fälschlicherweise doch ausgewiesen wird, muss sie an das Finanzamt nachgezahlt werden. Einmal dazu entschieden, ist der Kleinunternehmer für fünf Jahre an die Regelung gebunden, sofern er keine zu hohen Umsätze erzielt. Sinnvoll ist die Kleinunternehmerregelung vor allem für nebenberuflich Selbstständige, die einen zusätzlichen »Brotjob« haben, der ihr Leben finanziert. Hauptberuflich Selbstständige machen nichts falsch, wenn sie von Anfang an die Umsatzsteuer ausweisen und sich mit der etwas aufwändigeren Buchführung auseinandersetzen. Lass dich von deinem Steuerberater über die Kleinunternehmer-regelung aufklären und entscheide dann, ob sie für dich infrage kommt.

Steuererklärungen und Buchführung

Als Unternehmer musst du für deine Umsatzsteuer eine Umsatzsteuervoranmel-dung anfertigen. Die Umsatzsteuervoranmeldung wird vom Finanzamt je nach Umsatzhöhe verlangt, entweder monatlich, vierteljährlich oder, bei sehr wenig Um-satz, nur jährlich. Hier lautet das Motto einfach, sich diese Pflichten so angenehm wie möglich zu gestalten und sie nicht aufzuschieben. Entwickle ein Ritual für dei-nen Papierkram: Verabrede dich mit deinen Büchern. Mach einmal in der Woche ein festes »Date« mit dir aus, mach dir schöne Musik an und sieh es einfach als Notwendigkeit, um mehr von deinem verdienten Geld behalten zu können. Auch wenn du deine Buchführung papierlos erledigst, hefte jede Rechnung, die du er-hältst, immer gleich an den richtigen Ort. Dasselbe gilt für alle Belege, geordnet nach Datum. Und natürlich für die Rechnungen, die du selbst stellst.

Für deine Betriebsein- und ausgaben, die in bar erfolgen, musst du ein Kassen-buch führen und die zugehörigen Belege aufbewahren. Bring Ordnung in den Ab-lauf, damit, wenn das Fälligkeitsdatum der Steuererklärungen kommt, keine Über-forderung entsteht. Abgesehen davon, dass es eine Aufbewahrungspflicht für die relevanten Geschäftsunterlagen gibt, erfüllt es mit großer Zufriedenheit, Ordnung in seiner Buchführung zu haben. Wer Chaos in seiner Buchführung hat, der hat auch Chaos in seinem Unternehmen. Wenn erstmal ein vernünftiges System da ist, ist die Buchführung gar nicht mehr sehr zeitaufwändig. Viele Selbstständige verlie-ren sich im Chaos, prokrastinieren, wenn das Steuer-Thema aufkommt, und ver-gessen dabei, dass es um ihr Geld geht! Das Geld von dem sie leben müssen.

Eine praktische Lösung ist es, die Buchführung papierlos zu erledigen. Mithilfe von entsprechenden Apps kannst du deine Belege per Mobiltelefon einscannen und digital ablegen. Jedes Mal, wenn du einen Beleg erhältst, scannst du ihn mit dem Telefon ein und übermittelst ihn direkt in den richtigen Ordner der zum Steuerberater exportiert wird. Auch die Rechnungsstellung ist einfach online möglich. Und wenn ein Kunde eine Rechnung per Post benötigt, wird sie über einen Dienstleister auch postalisch zugestellt. Auch das Fahrtenbuch für betriebliche Autofahrten lässt sich heute digital per App erfassen. Buchhaltung muss für dich als Unternehmer nicht mehr bedeuten, im Papierchaos unterzugehen. Hilfreiche Tools findest du in unserer Ressourcenliste. Aber auch eine digitale Buchführung erledigt sich nicht von alleine oder entbindet von der Aufbewahrungspflicht der Originalbelege. Die Einkommensteuererklärung muss unbedingt fristgerecht abgegeben werden, damit das Finanzamt keine Mahngebühren verlangt. Außerdem ist das Finanzamt berechtigt, deine Umsätze branchenüblich zu schätzen, um die Steuerlast zu ermitteln. Fristgerecht einzureichen bewahrt dich davor.

Eine ordentliche Buchführung gehört zu den wichtigsten Pflichten eines Unternehmers, denn nur wer seine Zahlen im Blick hat, kann klug wirtschaften. Wir empfehlen jedem Gründer, mit einem professionellen Steuerbüro zusammenzuarbeiten, auch wenn es viele Angebote gibt, die Steuererklärung online selbst zu erledigen. Solange keine großen Umsätze gemacht werden und die unternehmerische Tätigkeit überschaubar ist, mag das noch gelingen. Aber spätestens sobald Lohnbuchhaltung für Mitarbeiter hinzukommt oder mehrere Tätigkeiten oder mehrere Projekte unter einem Dach zu berücksichtigen sind, ist die Fehleranfälligkeit hoch und der Zeitaufwand enorm. Das deutsche Steuersystem ist inzwischen so undurchsichtig, dass selbst einige Steuerberater es nicht mehr vollständig zu verstehen scheinen. Wichtig ist es, mit einem Steuer*berater* zusammenzuarbeiten, nicht bloß mit einem Buchhalter. Er muss dir erklären können, wie du dich steuerlich korrekt verhältst, und sich dabei genau mit deinen Vorteilen und den Möglichkeiten in deiner individuellen Unternehmenssituation auskennen. Auch hier gilt: Arbeite nur mit Leuten, die ihre eigene Arbeit lieben! Handle einen persönlichen Deal mit deinem Steuerberater aus, der dich finanziell nicht überfordert, und bereite deine Buchhaltung systematisch vor. Jede Ausgabe, die als Betriebsausgabe geltend gemacht werden kann, solltest du auch geltend machen. Das heißt: Wenn du in den Supermarkt gehst, trenne etwaige betriebliche Einkäufe und private Einkäufe, um einen separaten Kassenbeleg zu bekommen. Der Beleg deiner betrieblichen Einkäufe gehört in deine Steuererklärung! Als Unternehmer musst du bei *jedem* Einkauf, *jeder* Ausgabe und *jeder* Gelegenheit daran denken, ob du deine Ausgabe absetzen kannst, denn »Kleinvieh macht auch Mist«. Immer, wenn bei geschäftlichen Terminen etwas auf deine Firmenkosten verköstigt wird, lass dir eine Bewirtungsquittung geben. Sie muss ausgefüllt werden und gehört ebenso in deine Steuererklärung. Ein einfacher Bong reicht nicht aus. Um alles nötige für die Steuererklärung zu sammeln, brauchst du eine gewisse Disziplin und Sorgfalt. Um private und betriebliche Ausgaben sauber trennen zu können, solltest du dir separate Bankkonten anlegen. Ein spezielles Geschäftskonto ist in vielen Fällen nicht notwendig, ein Girokonto reicht oft aus. Aber um die Buchführung zu erleichtern, sollten betriebliche Eingänge und Ausgaben auf ein gesondertes Konto gehen. Gleiches gilt für das Konto bei PayPal. Auch hier sollte ein separater Account nur für betriebliche Ein- und Abgänge angelegt werden. Auch wenn wir uns alle ein einfacheres Steuersystem wünschen, bei dem nicht bei jeder Kleinigkeit darauf geachtet werden muss, ob sie absetzbar ist, lässt das bestehende System derzeit keine andere Möglichkeit. Sieh es einmal so: Der Staat ist verpflichtet, dir so viel von deinem erwirtschafteten Geld in der Tasche zu lassen beziehungsweise zurückzugeben, wie dir zusteht. Sich aus Bequemlichkeit nicht ausreichend um seine absetzungsfähigen

Ausgaben zu kümmern, hat zur Folge, dass die steuerliche Belastung im Zweifel zu hoch ausfällt.

E-COMMERCE

Dein Online-Auftritt und insbesondere dein Shop müssen bestimmten Gesetzen folgen. In Deutschland wird der Verbraucherschutz groß geschrieben. Diesbezügliche Gesetze sind Änderungen unterworfen, es lohnt sich, mit einem spezialisierten Anwalt zusammenzuarbeiten, der die Aktualität der Gesetzgebung im Blick hat. Es ist deine Pflicht als Unternehmer, die geltenden Gesetze zu kennen und einzuhalten. Dein Online-Shop benötigt in jedem Fall:

- *Impressum*
- *Link zu EU-Schlichtungsstelle*
- *Datenschutzerklärung*
- *Button-Lösung*
- *Widerrufsbelehrung*
- *Allgemeine Geschäftsbedingungen (AGB)*

Impressum

Jeder, der deine Seite besucht, muss einfach (innerhalb von drei Klicks) in Erfahrung bringen können, wer der Betreiber der Seite ist, inklusive vollständigem Namen, Anschrift und Firmenbezeichnung sowie der Möglichkeit der Kontaktaufnahme. Dies kann über eine Telefonnummer *und* E-Mail-Adresse geschehen, oder per Kontaktformular auf der Seite. Die Impressumspflicht gilt auch für deine Profile bei sozialen Netzwerken.

Verweis zur Online-Schlichtungsstelle der EU-Kommission

Seit Januar 2016 ist es für Onlinehändler Pflicht, in ihrem Shop zu einer sogenannten Schlichtungsstelle der Europäischen Union zu verlinken. Die Verordnung
über »Online-Beilegung verbraucherrechtlicher Streitigkeiten« soll eine Anlaufstel-
le bieten, um bei Problemen zwischen Verbraucher und Händler eine außergericht-
liche Einigung zu erreichen. Der für fast alle Online-Shops (außer reine B2B-
Händler) obligatorische Link lautet http://ec.europa.eu/consumers/odr und sollte
am besten mit kurzem Hinweis auf die EU-Schiedsstelle in das Impressum oder in
die AGB mit aufgenommen werden, damit er schnell gefunden werden kann.

Datenschutzerklärung

Weiterhin muss der Nutzer per Datenschutzerklärung darauf hingewiesen werden,
wie mit seinen Daten umgegangen wird. Wenn Cookies benutzt werden, muss darauf hingewiesen werden. Gleiches gilt für die Nutzung von Webstatistik-Tools wie
etwa Google Analytics. Den Hinweis, meist in Form eines Banners, hast du sicher
schon gesehen, wenn du selbst online einkaufst oder einen Blog liest.

Button-Lösung

Die sogenannte Button-Lösung gilt für alle Online-Shops und beinhaltet, dass der
Verbraucher auf der Bestellseite deutlich und unmissverständlich auf die Konse-
quenzen eines Klicks und auf entstehende Kosten hingewiesen wird. Dazu gehören:

- *Produktinformation (Merkmale der Ware oder Dienstleistung)*
- *Mindestlaufzeiten*
- *Gesamtpreis*
- *zusätzliche Kosten wie etwa Porto und Verpackung*

Zusätzlich gilt es, den Bestellbutton auf eine bestimmte Weise zu beschriften, damit dem Kunden klar ist, was passiert, wenn er ihn anklickt. Zulässig sind eindeutige Beschriftungen wie »kostenpflichtig bestellen« oder »zahlungpflichtigen Vertrag abschließen«. Nicht ausreichend sind Bezeichnungen wie »bestellen« oder »kaufen«.[7]

Widerrufsbelehrung & AGB

Online stehen einige automatisierte Rechtstexte zur Verfügung. Besser ist es allerdings, eigene Rechtstexte von einem Rechtsanwalt ausarbeiten zu lassen. Es ist nicht besonders professionell (und erst recht nicht zulässig), Texte oder gar ganze ABG von anderen Shops zu kopieren! Rechtsanwälte bieten heute verschiedene Leistungspakete an, die regelmäßig über rechtliche Änderungen informieren und dich auf nötige Maßnahmen hinweisen. Juristische Angelegenheiten sollten immer von Profis ausgeführt werden. Wenn du das nicht möchtest, dann informiere dich regelmäßig selbstständig über die gültigen Rechtssprechungen und neuen Bestimmungen. Wichtig für dich sind vor allem die Einhaltung des Verbraucherschutzes sowie eventuell spezielle rechtliche Bestimmungen für deine Branche und Angebote (beispielsweise beim Angebot von Nahrungsmitteln oder Kinderspielzeug).

Bezahlarten

Für Online-Bezahlungen werden die Transaktionen über verschiedene Payment-Service-Dienstleister abgewickelt. Bei all diesen Bezahldiensten entstehen Gebühren für dich (abgerechnet wird per Transaktion und/oder über eine Grundgebühr), die in deiner Preiskalkulation berücksichtigt werden sollten. Viele Kunden möchten gerne auf Rechnung bezahlen, diese Art der Bezahlung ist aber für den Anfang nicht zu empfehlen, da somit eventuell lange auf die Zahlungseingänge gewartet werden muss, was wiederum zu Liquiditätsengpässen führen kann. Wenn es geht, versende deine Ware nur nach Zahlungseingang. Der Kauf per Vorkasse ist für dich die sicherste Bezahlart. Wenn nach der Bestellung automatisch eine E-Rechnung generiert und an den Kunden verschickt wird, kann die Zahlung zeitnah per Überweisung erfolgen und die Waren können zügig verschickt werden. Ein etablierter Online-Bezahldienst, den viele Kunden inzwischen der klassischen Banküberweisung vorziehen, ist PayPal. Über PayPal können Bestellungen sofort und unkompliziert bezahlt werden, dein Shop sollte daher diese Möglichkeit auch anbieten. Beachte dabei, dass für dich bei jeder PayPal-Bezahlung verkaufspreisabhängige Gebühren entstehen, dafür ist das PayPal-Geschäftskonto kostenlos. Weiterhin ist die Bezahlung per Kreditkarte sehr beliebt, die »Sofort-Überweisung« und die Zahlung per Lastschrift. Die Zahlung per Lastschrift ist für den Kunden sehr bequem, führt aber für dich als Zahlungsempfänger zu erhöhtem Arbeitsaufwand und beinhaltet einige Risiken. Bei der Handhabung sensibler Daten, die per Bestellformular von deinen Kunden eingegeben werden (wie etwa Kontoinformationen oder Kreditkarteninformation) ist äußerste Sorgfalt und Achtsamkeit geboten. Nutze unbedingt einen professionellen Anbieter für die Abwicklung, der Datensicherheit garantiert. Bei der Zahlung per Lastschrift besteht eine gewisse Gefahr des Betrugs oder zusätzlicher Kontogebühren, falls der Kunde die Zahlung entweder automatisch zurücknimmt, weil das Konto nicht gedeckt ist, oder weil es sich womöglich sogar um eine betrügerische Masche handelt. Da der Kunde noch Wochen Zeit hat, um die Lastschrift platzen zu lassen und die Beträge erst nach einiger Zeit zurückgebucht werden, ist die Ware meist schon verschickt und du hast den Schaden, musst ein Mahnverfahren einleiten und möglicherweise vergeblich auf dein Geld warten. Ob ein Lastschriftverfahren als Bezahlart infrage kommt, musst du dir also reiflich überlegen und ggf. die zugehörigen Schritte zur Erteilung von Lastschriftmandaten mit deiner Hausbank klären. Dein Webdesigner wird sich mit den verschiedenen Bezahldiensten auskennen und dich beraten können.

COPYRIGHTS & MARKENSCHUTZ

Urheberrechte müssen nicht geschützt werden, die Rechte der eigenen Schöpfung liegen automatisch beim Urheber. Sofern du einen Designer damit beauftragst, ein Logo zu entwerfen, kaufst du im Normalfall die Gestaltung inklusive der Nutzungsrechte ab. Wenn du dein Logo selbst herstellst und es eine gewisse Schöpfungshöhe aufweist, liegen die Urheberrechte automatisch bei dir. Copyright und Markenschutz ist nicht dasselbe. Als Unternehmer solltest du deinen Markennamen und dein Logo beim Deutschen Patent- und Markenamt (DPMA) schützen lassen, um sicherzustellen, dass niemand anderes deinen Namen benutzt. Wenn du dich auf einen Namen festgelegt hast, stelle sicher, dass deine gewünschte Domain noch verfügbar ist, am besten für .com, .de, .org und .info. Diese Domains musst du nicht alle tatsächlich benutzen, aber es ist gut, sie zu besitzen. Hierzu nutzt du entweder whois.com für die Abfrage deiner gewünschten URLs oder einen Domainanbieter. Bei URLs gilt das Prinzip »First come, first served«. Schau ebenso in der Datenbank des Deutschen Marken- und Patentamtes nach, ob dein Wunschname noch frei ist, bevor du deinen Namen anmeldest, damit erst gar keine Kollision entsteht. Die Online-Suchfunktion des Patentamtes ist allerdings recht komplex. Mit der Recherche kannst du auch die Industrie- und Handelskammer beauftragen. Sichere dir außerdem deinen Namen als Facebook-Page, Twitter-Namen, bei Instagram etc. Selbst wenn du dich dazu entscheidest, diese Kanäle niemals zu nutzen, möchtest du nicht, dass irgendein Teenager aus Versehen oder absichtlich unter deinem Firmennamen Bilder und seltsame Inhalte postet, sichtbar für alle, die dann verwundert annehmen, sie seien von dir. Der Markenschutz bezieht sich immer nur auf ausgewählte Klassen und soll gewährleisten, dass sich ein direkter Wettbewerber nicht mit gleichem Namen etablieren kann oder es zur Verwechslung kommt. Bei der Anmeldung werden Gebühren fällig, die Kosten richten sich danach ob der Schutz nur deutschlandweit, EU-weit oder gar weltweit und in wievielen Klassen er beantragt wird. Für gewöhnlich muss der Markenschutz nach zehn Jahren erneuert werden. Du kannst deine Marke als Wort- und/oder Bildmarke und auch als Werbeslogan schützen lassen. Zur Anmeldung deiner Wortmarke musst du nur deinen Markennamen beim DPMA einreichen, zur Anmeldung einer Bildmarke musst du dein Logo (Schriftzug und Icon) einreichen. Für andere Markeninhaber gilt eine dreimonatige Frist, in der sie gegen deine Anmeldung Einspruch einlegen können, sofern sie ihre Marke angegriffen fürchten. Sollte sich innerhalb dieser Frist kein Einspruch regen, gilt dein Markenschutz. Es lohnt sich, bei der Vorabrecherche für den eigenen Markennamen mit einem auf Markenrecht spezialisierten Anwalt zusammenzuarbeiten um nicht unabsichtlich Schutzrechte anderer zu verletzen. Der Anwalt kann dann auch die eigentliche Markeneintragung beim DPMA für dich beantragen.

RESSOURCENLISTE

FINANZIERUNG

KfW Förderbank: www.kfw.de
BAND Business Angel Netzwerk: www.business-angels.de
Gründungsförderung durch die Arbeitsagentur und Jobcenter: www.bmas.de

CROWDFUNDING-PLATTFORMEN

Startnext: www.startnext.com
Kickstarter: www.kickstarter.com
Newniq (Für Produktdesigner): www.newniq.com
ADDACT (Für Konzerte und Events): www.addact.de

CROWDINVESTMENT-PLATTFORMEN

Seedmatch: www.seedmatch.de
Companisto: www.companisto.com
Fundsters: www.fundsters.de

KREDITPLATTFORMEN (CROWDLENDING)

Smava: www.smava.de
Lendico: www.lendico.de
Auxmoney: www.auxmoney.com

VERSICHERUNGEN

Deutsche Rentenversicherung: www.deutsche-rentenversicherung.de
Künstlersozialkasse (KSK): www.kuenstlersozialkasse.de

SELBSTORGANISATION

Evernote (Webtool zur Selbstorganisation): www.evernote.com
Trello (Webbasiertes Projekt-Management-Tool für Teams mit Checklisten): www.trello.com
Teuxdeux (To-Do-App): www.teuxdeux.com
Docady (Dokumente digital organisieren): www.docady.com
Ebuero: www.ebuero.de
plug and work (virtual office): www.plugandwork.de

Google Drive (Arbeitsumgebung, Online-Speicherplatz und Dateienverwaltung): www.google.com/intl/de/drive

KOMMUNIKATION

Skype (Videotelefonie und Chatten): www.skype.com
Slack (Tool für Teams): www.slack.com Messaging
Google docs (Online Dokumente erstellen): www.google.de/intl/de/docs/about

BLOGGEN & SCHREIBEN

Wordpress (Content Management System und Blogs erstellen): www.wpde.org
Tumblr (Social Blogging Plattform): www.tumblr.com
Medium (Schreib- und Lesecommunity): www.medium.com
Prezi (Präsentationen erstellen): www.prezi.com

E-BOOKS HERSTELLEN

Penflip: www.penflip.com
Liberio: www.liber.io

DESIGN

Canva (DIY Grafikdesign Tool): www.canva.com
Designers Mill (Design Freebies): www.designermill.com
Myfonts (Schriften finden und kaufen): www.myfonts.de
Adobe Slate (Minimagazine herstellen): www.adobe.com/slate
99 Designs: www.99designs.de

SOCIAL MEDIA

Tweeteck (Twitter Tracking): www.tweetdeck.com
Buffer (Social-Media-Planung): www.buffer.com
Hootsuite (Social Media Management): www.hootsuite.com
Instagram (Foto- und Video-App): www.instagram.com
Facebook: www.facebook.com
Twitter: www.twitter.com
Pinterest: www.pinterest.com

E-MAIL-MARKETING

Mailchimp (derzeit ohne absetzbare Rechnung mit MwSt., da US-Serivce.): www.mailchimp.com
Rapidmail: www.rapidmail.de

HOSTING/DOMAINS

Godaddy: www.godaddy.com
domainFACTORY: www.df.eu

UMFRAGE TOOLS/MARKTFORSCHUNG

SurveyMonkey: www.surveymonkey.com
Super Simple Survey: www.supersimplesurvey.com

DIENSTLEISTER FINDEN

Komponentenportal: www.komponentenportal.de
Twago (Freelancer finden): www.twago.de
fiverr (Marktplatz für Dienstleistungen): www.fiverr.com
Design made in Germany: www.designmadeingermany.de

BUCHHALTUNG

Lexoffice: www.lexoffice.de
Fastbill: www.fastbill.com
Billomat: www.billomat.com
Billbee (Multichannel- und Warenwirtschaftstool für Online-Shop-Plattformen): www.billbee.de
Zervant: www.zervant.com
Gewerbesteuerrechner: http://www.steuerberaten.de/do_it_yourself/rechner/gewerbesteuer

DATENTRANSFER

Wetransfer: www.wetransfer.com
Dropbox: www.dropbox.com

RESSOURCENLISTE

ONLINE-MARKTPLÄTZE

DaWanda: www.dawanda.com
eBay: www.ebay.com
Amazon: www.amazon.de
Etsy: www.etsy.com
Tictail: www.tictail.com

POP-UP-STORE-VERMIETUNG

Next Sales Room: www.nextsalesroom.com

LOGISTIK

Shipcloud: www.shipcloud.io
Versandmanufaktur: www.versandmanufaktur.de
Deutsche Post eFiliale: www.efiliale.de

E-COMMERCE

Etailment (Fachmedium für Onlinehandel): www.etailment.de
Netzaktiv.de (E-Commerce Blog): www.netzaktiv.de

ONLINE-BEZAHLDIENSTE

SOFORT Überweisung: www.sofort.com
SumUp (EC- und Kreditkartenzahlung per Smartphone): www.sumup.de
Billpay: www.billpay.de
Paypal: www.paypal.com

WEBSITE

Die gute Website (Ricarda Kiel hilft, professionell großartige Websites zu erstellen): www.diegutewebsite.de
Google Analytics: www.google.com/intl/de_de/analytics
URL-Recherche: www.whois.com
Wordpress: www.wpde.org

DIY HOMEPAGE UND SHOP SOFTWARE

Wix: www.wix.com
Jimdo: www.jimdo.com
Webnode: www.webnode.com
Shopware: www.shopware.com
Shopify: www.shopify.com

SEO

SEO-Service des Komponentenportals über www.komponentenportal.de
Die gute Website: www.diegutewebsite.de

ALLGEMEINE INFORMATION

Labor für Entrepreneurship: www.entrepreneurship.de
Für Gründer: www.fuer-gruender.de
Existenzgründerportal BMWi: www.existenzgruender.de
Starting Up: www.starting-up.de
Startothek: www.startothek.de
Unternehmer.de: www.unternehmer.de
Industrie- und Handelskammer (IHK): www.ihk.de

RECHTLICHES:

E-Recht 24: www.e-recht24.de
Deutsches Patent- und Markenamt (DPMA): www.dpma.de

CO-WORKING

www.coworking.de (Bundesweit)
Coworking mit Kind:
Co-Working Toddler (Berlin): www.coworkingtoddler.com
Rockzipfel (Leipzig): www.rockzipfel-leipzig.de
Coworkind (Hannover): www.coworkind.de

E-LEARNING (LERNPLATTFORMEN & E-KURSE)

Superworkshop: www.super-work.com/superworkshop
Die gute Website: www.diegutewebsite.de
Skillshare: www.skillshare.com
Lecturio: www.lecturio.de
Udemy: www.udemy.com

INSPIRATION

Superwork: www.super-work.com
workisnotajob.: www.workisnotajob.com
The Book of Life: www.thebookoflife.org
Planet Backpack: www.planetbackpack.de

NETZWERKE

Escape the City: www.escapethecity.org
VGSD E.V. (Verband der Gründer und Selbstständigen in Deutschland): www.vgsd.de
Mompreneurs (Netzwerk von selbstständigen Müttern): www.mompreneurs.de

EVENTS

Entrepreneurship Summit: www.entrepreneurship.de/summit
Fuck Up Nights: www.fuckupnights.com

ANMERKUNGEN

TEIL I. AUFBRUCH

1 Screenshot vom 10.1.2016. Google vervollständigt Suchanfragen mit Vorschlägen, die in dem Kontext am häufigsten gesucht wurden, oder mit Inhalten von Websites. https://support.google.com/websearch/answer/106230

2 De Botton, Alain: *The Book of Life,* Kapitel »On Misemployment«: http://www.thebookoflife.org/unemployment-down-at-last-misemployment-bad-as-ever

3 Hierzu ist die Diskussion des Bundesministeriums für Arbeit und Soziales interessant: http://www.arbeitenviernull.de

4 Siehe hierzu Seth Godin: »Reject the tyranny of being picked: Pick yourself.« http://sethgodin.typepad.com/seths_blog/2011/03/reject-the-tyranny-of-being-picked-pick-yourself.html

5 Die Idee ist keineswegs so abgehoben. Selbst Experten wie Günter Faltin, Alain De Button oder Hugh MacLeod sehen die Parallelen zwischen dem Entrepreneur auch dem Künstler. Günter Faltin 2008, S. 52, Hugh McLeod 2011, Alain De Button: »*The Entrepreneur and the Artist*« Chapter 1: Capitalism: Consumtion: http://www.thebookoflife.org/the-entrepreneur-and-the-artist

6 Godin, Seth: *The Icarus Deception* New York, 2012, E-Book.

7 Vgl. Kramer, Mario: *Das Kapital. Raum 1970–77. Interview mit Joseph Beuys,* Heidelberg 1991, S. 21.

8 »Art is what we're doing when we do our best work« – Seth Godin: http://sethgodin.typepad.com/seths_blog/2010/01/making-art.html

9 Sivers, Derek: *Anything you want,* 2011, S. 3.

10 http://www.vonfloerke.com/de/about

11 Eigene Übersetzung. Vortrag von Prof. Günter Faltin zu seinem neuen Buch *Wir sind das Kapital* in der Urania, Berlin, 22.04.2015, Vortragsfolien hier einsehbar: http://de.slideshare.net/kopfschlaegtkapital/wir-sind-das-kapital-vortrag-von-prof

12 Der Begriff »neue Selbstständigkeit« wurde in der Vergangenheit bereits von der Soziologie identifiziert und im Vergleich zum Normalarbeitsplatz als nicht unproblematisch diskutiert: https://de.wikipedia.org/wiki/Neue_Selbständigkeit. Wir brauchen also im Grunde eine *neue* neue Selbstständigkeit.

13 Der Begriff »Entrepreneur« beschreibt aus unserer Sicht die Kombination aus Künstler und Unternehmer in einer Person derzeit am besten.

14 Faltin, Günter: *Wir sind das Kapital*. Hamburg 2015, E-Book.

15 www.looseleafstore.com.au

16 Interview mit den Loose Leaf Gründern auf The Design Files: http://thedesign-files.net/2014/05/loose-leaf

17 Looseleaf_ auf Instagram

18 Vgl. Interview mit den Loose Leaf Gründern auf The Design Files: http://the designfiles.net/2014/05/loose-leaf

19 Bei derzeit über 42. Mio Erwerbstätigen in Deutschland sind ca. 4,2 Mio selbstständig und im Jahr 2014 gab es 915 000 Unternehmensgründer. Zahl der Selbständigen 2014: 419 300. http://de.statista.com/statistik/daten/studie/238830/umfrage/anzahl-der-selbststaendigen-in-deutschland
Anzahl der Gründer 2014: 915 000. http://de.statista.com/statistik/daten/studie/183869/umfrage/entwicklung-der-absoluten-gruenderzahlen-in-deutschland
Erwerbstätige insgesamt August 2014: Über 42. Mio. http://de.statista.com/statistik/daten/studie/1376/umfrage/anzahl-der-erwerbstaetigen-mit-wohn-ort-in-deutschland

20 Vgl. Statistisches Bundesamt: Armutsgefährdungsquote nach Erwerbstatus: https://www.destatis.de/DE/ZahlenFakten/GesellschaftStaat/Soziales/Sozial berichterstattung/Tabellen/05AGQ_ZVBM_Erwerbsst.html

21 Vgl. Artikel in der Welt (Online) vom 20.10.2015: »Zahl der Selbstständigen mit Hartz IV steigt« http://www.welt.de/wirtschaft/article147807233/Zahl-der-Selbststaendigen-mit-Hartz-IV-steigt.html

22 Angestellte müssen sich allerdings nicht auch noch selbst krankenversichern. Dafür können sie ihr Einkommen kaum selbst steuern.

23 Wir sollten in dieser Frage auf Günter Faltin hören. Seine Bücher beschreiben genau, wie wenig das BWL-Studium mit Entrepreneurship zu tun hat. Er selbst ist Ökonom und Hochschullehrer.

TEIL 2. DIE MACHT DES MACHENS

1 Wen es interessiert: Studie zum Biorhythmus: »Das ist die beste Uhrzeit für guten Sex« http://www.welt.de/wissenschaft/article146906446/Das-ist-die-beste-Uhrzeit-fuer-guten-Sex.html

2 https://de.wikipedia.org/wiki/Do_it_yourself

3 ebd.

4 Zitat von der Homepage »Vergiss Mein Nie« http://vergiss-mein-nie.de. Originalzitat von Brecht: »Der Mensch ist erst wirklich tot, wenn niemand mehr an ihn denkt«.

5 »Warum wir uns für Erinnerungen einsetzen« http://vergiss-mein-nie.de

6 *Work is not a job. Was Arbeit ist, entscheidest du!*, erschienen 2013 im Campus Verlag.

7 Der Begriff »Innovator's Bias« beschreibt dieses Problem. In Maurya, Ash: *The Bootstart Manifesto*, Punkt 6. »The Number One Reason Why Products Fail«:

https://medium.com/lean-stack/the-bootstart-manifesto-65b41da6216#.r69v
bxtvq

8 Kawasaki, Guy: *The Art of the Start 2.0*. Portfolio 2015, E-Book.

9 Crowdinvestment grenzt sich vom Crowdfunding insofern ab, als dass Firmenanteile veräußert werden und der Investor damit Anspruch auf Gewinnbe-
teiligung hat (auch bei einem Exit, also beim Ausstieg der Investoren), während beim Crowdfunding für ein Investment sogenannte »Rewards«
angeboten werden.

10 So wird es bei der Crowdfunding-Plattform Startnext genannt.

11 Siehe dazu Günter Faltin: *Wir sind das Kapital*, Hamburg 2015, E-Book.

12 Vgl. Sozialgesetzbuch (SGB) Drittes Buch (III) – Arbeitsförderung – (Artikel 1
des Gesetzes vom 24. März 1997, BGBl. I S. 594)
§ 93 Gründungszuschuss http://www.gesetze-im-internet.de/sgb_3/__93.html

13 Mehr Infos zur Gründungsförderung unter http://www.bmas.de/DE/Themen/
Arbeitsmarkt/Arbeitsfoerderung/gruendungsfoerderung.html

14 Viele Infos zu den Förderprogrammen der KfW findest du direkt auf der
Website www.kfw.de und auf dem Internetportal Für-Gründer.de https://www.
fuer-gruender.de/kapital/foerdermittel/kfw-bank

15 Siehe dazu unsere Ressourcenliste.

16 Mit Ausnahme der stillen Beteiligung durch Crowdinvestment.

17 Chief Executive Officer: Geschäftsführer, bzw. Vorsitzender der Geschäftsfüh-
rung eines Unternehmens, oder Vorstands eines Unternehmens. https://de.
wikipedia.org/wiki/CEO_(Begriffskl%C3%A4rung)

18 Siehe dazu diesen Tweet von Jason Fried: https://twitter.com/jasonfried/
status/564196736483483649

19 Fried, Jason und Heinemeier Hansson, David: *Rework. Business intelligent und
einfach*, Riemann 2010, S. 65.

20 ebd. S. 98f.

21 Siehe Artikel bei Geekwire: http://www.geekwire.com/2015/nike-coo-youll-soon-be-able-to-make-shoes-at-your-home-with-a-3d-printer

22 Hierzu lohnt es sich, die Arbeiten von James Victore anzuschauen, z.B.: http://99u.com/articles/7104/op-ed-in-the-particular-lies-the-universal

23 Siehe hierzu die Meldung im Facebook Newsroom vom September 2015: http://newsroom.fb.com/news/2015/09/updates-for-facebook-notes/?ref=producthunt

24 Seths Blog: »First, connect« http://sethgodin.typepad.com/seths_blog/2012/08/first-connect.html

25 Gründerszene: Afrikanischer Fluss oder Start-up? http://www.gruenderszene.de/allgemein/fluss-oder-startup

26 »Pick a name with ›Verb potential‹«. Zitat aus Kawasaki, Guy: *The Art of the Start 2.0*. Penguin Group 2015, E-Book.

27 Dieses Zitat wird Jim Jarmusch zugeschrieben.

28 Kawasaki, Guy: *The Art of the Start 2.0*. Penguin Group 2015, E-Book.

29 Als Meme(s) werden Internetphänomene bezeichnet, die sich über die sozialen Netzwerke sehr weit verbreiten: https://de.wikipedia.org/wiki/Mem

30 https://twitter.com/paulocoelho/status/308710775009185792

31 http://thenextweb.com/facebook/2015/10/12/facebook-adds-a-retail-section-in-trial-for-big-e-commerce-push/

32 http://www.zdnet.de/88239440/pinterest-fuehrt-shopping-funktion-ein/

33 Nur wenn es wirklich eine klassische Neuheit gibt, wie eine Bucherscheinung oder ein Event mit Termin zum Vormerken und Verbreiten, informieren wir die Presse noch per Pressemitteilung.

34 Dropbox ist ein Filehosting-Dienst, mit dem man Daten speichern oder für andere verfügbar machen kann. www.dropbox.com

35 Wenn du als Selbstständiger ausschließlich von einem Auftraggeber abhängig

bist (Arbeitnehmerähnliche Tätigkeit) besteht zudem die Gefahr der sogenannten »Scheinselbstständigkeit«. Dies verstößt gegen das Arbeitsrecht und
wird vom Gesetzgeber als eine Art der Schwarzarbeit eingestuft!

36 Faltin nennt es nicht nur so, er hat das »Gründen aus Komponenten« auch
zum Konzept gemacht und schlägt diese Form als intelligente Art des
Gründens vor, die erfolgreiches Entrepreneurship für alle möglich macht.
Vgl. Faltin, Günter: *Kopf schlägt Kapital. Die ganz andere Art zu gründen.
Von der Lust ein Entrepreneur zu sein.* München 2008.

37 Faltin, Günter: *Kopf schlägt Kapital*, München 2008, S. 92. Zitat auf www.
komponentenportal.de/gruenden

38 Dieses Zitat stammt aus *Rework* von Eric Ries und David Heinemeier Hansson,
S. 27.

39 Die Organisation lässt sich professionell auslagern, schau dazu in unsere
Ressourcenliste.

40 Dieses Zitat wird Niki Lauda zugeschrieben.

41 Vgl. hierzu das Interview vom 3.9.2015: http://www.deutschlandradiokultur.de/
wirtschaftswissenschaftler-guenter-faltin-oekonomie-als.970.de.html?
dram:article_id=329916

42 Siehe hierzu Patagonias Firmengeschichte: http://www.patagonia.com/eu/
deDE/patagonia.go?assetid=35987

43 »Eine Einführung in die Welt der Certified B Corporations«, http://goodbusi
ness.news/eine-einfuehrung-in-die-welt-der-certified-b-corporations

44 Die Zahlen sind dem Online-Artikel auf WiWo Green von Jan Willmroth vom
27.2.2013 entnommen: *Outdoor-Firma: Patagonia will einen besseren Kapitalismus.* http://green.wiwo.de/outdoor-firma-patagonia-will-einen-besseren-kapi
talismus/

45 Siehe hierzu die Länderseite für Deutschland der US-Nonprofit-Organisation B

Lab, die für die Vergabe des Siegels zuständig ist: http://bcorporation.eu/germany

46 Eigene Übersetzung eines Zitats, das Joseph Chilton Pearce zugeschrieben wird. Andere attribuieren es Claude Bristol.

47 Vgl. »Einfluss des HR-Managements auf den Unternehmenserfolg« der Personalberatung Rochus Mummert (2014): http://www.rochusmummert.com/downloads/news/141216_FINAL_PI_HR-Panel_Guter_Arbeitsplatz.pdf
Xing Arbeitnehmerstudie (2015): https://blog.xing.com/wp-content/uploads/2015/04/RZ_KompassArbeitswelt_Final.pdf
OC Tanner Institute (2014): http://www.octanner.com/insights/infographics/the-business-case-for-recognition.html
HBR.org/Interact/Harris: https://hbr.org/2015/06/the-top-complaints-from-employees-about-their-leaders

48 Vgl. Xing Arbeitnehmerstudie (2015): https://blog.xing.com/wp-content/uploads/2015/04/RZ_KompassArbeitswelt_Final.pdf

49 So ist das bei Angestellten in der Realität natürlich auch, aber die Hoffnung stirbt dort zuletzt.

50 »Ich lehne es ab, mir den eigenen Antrieb mit einem Trinkgeld abkaufen zu lassen« – Albert Schweitzer. Möglicherweise ist das Zitat, wie Günter Faltin in *Wir sind das Kapital* bemerkt, auch von Henry Van Dyke.

51 Auch hier kommt die Inspiration aus dem Albert-Schweizer-Zitat.

52 Günter Faltin: *Kopf schlägt Kapital*, München 2008, S. 195.

53 Siehe dazu die Meilensteine der Teekampagnen-Unternehmensgeschichte: https://www.teekampagne.de/unsere-prinzipien/unser-unternehmen/meilensteine

54 Günter Faltin: *Kopf schlägt Kapital*, München 2008, S. 9.

55 Aus dem Buch *Der Läufer und der Wolf*. Rowlands These ist, dass richtiges Laufen keinen instrumentellen Wert braucht (also etwa um abzunehmen oder

gesünder zu sein), sondern dass »richtiges« Laufen einen inneren Wert hat. Rowlands, Mark: *Der Läufer und der Wolf*, Berlin 2014, E-Book.

56 ebd.

57 Nicht jeder, der dich vor deinen Entscheidungen bewahren will, ist grundsätzlich ein Verhinderer, den du ausblenden musst – du musst unterscheiden können, ob jemand deine Situation wirklich einschätzen kann, oder ob deine Idee einfach nicht vorstellbar für ihn ist und er sie dir daher ausredet.

58 Tu dir selbst und der Welt einen Gefallen und gehöre nicht zu ihnen.

59 Vgl. *Wir sind das Kapital*, Hamburg 2015, E-Book.

60 Das empfiehlt auch Günter Faltin. »Die Nähe zu Künstlern oder zu Menschen mit unterschiedlichem Background und ganz anderen Perspektiven lässt uns ahnen, dass es sich eher um einen Normal- als Ausnahmezustand handelt. [...] Schon die Kenntnis des Phänomens Ambiguität hilft uns.« Aus: *Wir sind das Kapital*, Hamburg, 2015 E-Book.

61 Sogenannte »Fuck Up Nights« sind Veranstaltungen, auf denen Gründer von ihren gescheiterten Unternehmensgründungen berichten, damit andere Gründer daraus lernen können. Inzwischen ist das Ganze zu einer globalen Bewegung geworden. Über sein Scheitern zu sprechen, scheint das neue Gewinnen zu sein: http://fuckupnights.com

62 Bisalski, Conni: »Weltweit leben und arbeiten – Teil 2: So verdiene ich meine Kohle«: www.planetbackpack.de/weltweit-leben-arbeiten-kohle-verdienen vom 15.5.2013.

63 Bisalski, Conni: »Namaste, Freiheit: Warum du digitaler Zen Noamde werden solltest«: www.planetbackpack.de/digitaler-zen-nomade vom 7.7.2015.

64 Vgl. Pressefield, Steven: *The War of Art, Winning the Inner Creative Battle*. New York 2002, E-Book.

65 Dafür gibt es sogar empirische Belege. Verschiedene Studien belegen, dass

Frauen sich sowohl im Job als auch als Führungskraft nicht realistisch einschätzen und zur Kompetenzenunterschätzung neigen.

66 Es lohnt sich, das ganze Zitat von Mays zu lesen. Siehe letzte Seite.

67 Davor warnt auch Guy Kawasaki in *The Art of the Start 2.0*, Portfolio 2015, E-Book.

68 »Life has a way of testing a person's will, either by having nothing happen at all or by having everything happen at once« Paulo Coelho via Twitter: https://twitter.com/paulocoelho/status/625643618649382912

TEIL 3. FORMALITÄTEN

1 Vgl. Partnerschaftsgesellschaftsgesetz in § 1 Absatz 2. Auch im Einkommensteuergesetz werden Berufe, die eindeutig den freien Berufen zuzuordnen sind, aufgelistet. Es können aber weitere Tätigkeiten als freiberuflich angesehen werden, sofern die dafür vorgesehenen Kriterien erfüllt werden. Vgl. hierzu auch Bonnemeier, Sandra: *Praxisratgeber Existenzgründung. Erfolgreich starten und auf Kurs bleiben.* 4. Auflage, München 2014, E-Book.

2 Beschrieben zum Beispiel im Einkommensteuergesetz und im Partnerschaftsgesellschaftsgesetz.

3 Er wird jedoch Kapitalgesellschaften nicht gewährt.

4 https://de.wikipedia.org/wiki/Buchführung

5 Vgl. beispielsweise »Kleine Anfrage der Abgeordneten Kerstin Andreae, Katharina Dröge, Dr. Thomas Gambke u. a. der Fraktion BÜNDNIS 90/DIE GRÜNEN betr.: Gründungen in Deutschland«, Fragen 20 und 21: http://bmwi.de/BMWi/Redaktion/PDF/P-R/Parlamentarische-Anfragen/2015/18-5253-gruendungen-in-deutschland,property=pdf,bereich=bmwi2012,sprache=de,rwb=true.pdf

6 Ausgenommen sind bestimmte Gruppen von Selbstständigen, die der Staat als

besonders »schutzbedürftig« ansieht und damit in die Pflichtversicherung zwingt (zum Beispiel Handwerker, Künstler, Publizisten und einige Selbstständige im Bereich Bildung und Pflege).

7 https://de.wikipedia.org/wiki/Button-Lösung

LITERATUR & ONLINE-QUELLEN

LITERATUR

BAUER, JOACHIM:
Selbststeuerung. Die Wiederentdeckung des freien Willens.
München 2015.

BAUMGÄRTEL, TILMAN:
»Kann man davon leben?« In: *Zeit Spezial: Mein Job – mein Leben. Heft 02/2015.*
Hamburg 2015, S. 50–55.

BERZBACH, FRANK:
Die Kunst ein kreatives Leben zu führen. Anregung zu Achtsamkeit.
Mainz 2013.

BIERI, PETER:
Wie wollen wir leben? Über das eigene Leben selbst bestimmen – das Verlangen nach Würde und Glück. Aus der Reihe »Unruhe bewahren«.
Salzburg 2011.

BERGMANN, FRITHJOF MIT FRIEDMANN, STELLA:
Neue Arbeit kompakt. Vision einer selbstbestimmten Gesellschaft.
Freiburg 2007.

BONNEMEIER, SANDRA:
Praxisratgeber Existenzgründung. Erfolgreich starten und auf Kurs bleiben, 4. Auflage.
München 2014 (Quelle zu Teil 3).

BRUNS, CATHARINA:
Work is not a Job – Was Arbeit ist, entscheidest du!
Frankfurt/New York 2013.

DALAI LAMA UND VAN DEN MUYZENBERG, LAURENS:
Führen, Gestalten, Bewegen. Werte und Weisheiten für eine globalisierte Welt.
Frankfurt/New York 2008.

LITERATUR

FALTIN, GÜNTER:
Wir sind das Kapital, Erkenne den Entrepreneur in Dir. Aufbruch in eine intelligentere Ökonomie. 2. Auflage.
Hamburg 2015.

FALTIN, GÜNTER:
Kopf schlägt Kapital Die ganz andere Art, ein Unternehmen zu gründen. Von der Lust ein Entrepreneur zu sein.
München 2008.

FALTIN, GÜNTER:
Erfolgreich gründen. Der Unternehmer als Künstler und Komponist.
Berlin 2007.

FRIED, JASON; HEINEMEIER HANSSON, DAVID:
Rework. Business intelligent und einfach.
München 2010.

FROMM, ERICH:
Haben oder Sein. 39. Auflage.
München 2012.

ZU FÜRSTENBERG, JEANNETTE:
Die Wechselwirkung zwischen unternehmerischer Innovation und Kunst: Eine wissenschaftliche Untersuchung in der Renaissance und am Beispiel der Medici.
Wiesbaden 2012.

GILBERT, ELIZABETH:
Big Magic. Creative Living Beyond Fear. Bloomsbury.
UK 2015.

GODIN, SETH:
The Icarus Desception. How high will you fly?
New York 2012.

GULDNER, JAN:
B wie Businessplan. S. 38–40. In: *Zeit Spezial: Mein Job – mein Leben.* Heft 02/2015.
Hamburg 2015.

HANDY, CHARLES:
The Second Curve. Thoughts on Reinventing Society.
London 2015.

HANDY, CHARLES:
The Age of Unreason.
London 1989.

KAWASAKY, GUY:
The Art of the Start 2.0. Timeless-Tested, Battle-Hardened Guide for Anyone Starting Anything.
New York 2004, 2015 (revised).

KELLY, TOM; KELLY, DAVID:
Creative Confidence. Unleashing the creative potential within us all.
London 2013.

KÖHLER, HANS-UWE L.:
Die perfekte Rede. So überzeugen Sie jedes Publikum.
Offenbach 2011.

KRZNARIC, ROMAN:
How to find fulfilling work.
London 2012.

LOTTER, WOLF:
Zivilkapitalismus. Wir können auch anders.
München 2013.

LOTTER, WOLF:
Die kreative Revolution:
Was kommt nach dem Industriekapitalismus?
Hamburg 2009.

MACLEOD, HUGH:
Evil Plans. Having Fun on the Road to World Domination.
New York 2011.

PRESSFIELD, STEVEN:
The War of Art. Winning The Inner Creative Battle.
New York 2002.

RIES, ERIC:
Lean Startup. Schnell, risikolos und erfolgreich Unternehmen gründen. 3. Auflage.
München 2014.

ROWLANDS, MARK:
Der Läufer und der Wolf. Philosophische Betrachtungen von Unterwegs.
Berlin 2014.

SINEK, SIMON:
Start with Why. How Great Leaders Inspire Action.
New York 2009.

SZYPERSKI, NORBERT:
»Künstler und Unternehmer: Was können Wissenschaftler von ihnen lernen?«
In: *DBW Editorial.*
04/2004.

ONLINE-QUELLEN ZUM ABSCHNITT »FINANZIERUNG« UND TEIL 3

Selbstständig im Netz: www.selbstaendig-im-netz.de
Clever selbständig: www.clever-selbstaendig.de
Für Gründer: www.fuer-gruender.de

DANK

Wir bedanken uns herzlich bei dir für das Interesse an diesem Buch, und bei unseren Kunden, die unsere Produkte lieben und in ihr Leben integrieren. Danke an Alicia Metz und Ricarda Kiel für ihre Leidenschaft an unserem gemeinsamen Projekt superwork und die Inspiration, die sie uns in jedem Gespräch schenken. Außerdem bedanken wir uns bei Selina Hartmann für das Lektorat und weil sie selbst die Künstlerin und die Unternehmerin in sich entdeckt hat, sowie Torsten Elstorpff für sein prüfendes Auge steuerfachlicher Aspekte in Teil 3. Und beim Campus Verlag für die tolle Zusammenarbeit.

ÜBER DIE AUTORINNEN

Catharina Bruns und Sophie Pester sind Gestalterinnen und Unternehmerinnen mit dem Ziel, eine DIY-Kultur zu unterstützen und die kreative Selbstständigkeit zu fördern. Dies sind ihre Projekte:

workisnotajob.
Unser Projekt für eine neue Haltung zur Arbeit, Portfolio und Buch: *work is not a job. Was Arbeit ist, entscheidest du!*
www.workisnotajob.com

supercraft
DIY-Kits und Material-Shop für Kreative
www.supercraftlab.com

superwork
Interviewreihe und Gedanken für eine neue Arbeitswelt inkl. einem kostenlosen E-Lernworkshop für die ersten Schritte in die Selbstständigkeit:
www.super-work.com

hello handmade
Unser jährlicher Designmarkt für Handgemachtes und Design zur Unterstützung von selbstständigen Kreativen
www.hello-handmade.com

Lemon Books
Design-Plattform und Manufaktur für personalisierte Notizhefte
www.lemonbooks.de

»It must be borne in mind that the tragedy of life doesn't lie in not reaching your goal. The tragedy lies in having no goal to reach. It isn't a calamity to die with dreams unfulfilled, but it is a calamity not to dream. It is not a disaster to be unable to capture your ideal, but it is a disaster to have no ideal to capture. It is not a disgrace not to reach the stars, but it is a disgrace to have no stars to reach for. Not failure, but low aim is sin.«

Benjamin Elijah Mays